航道环境保护工作对策研究

——以长江航道环境保护为例

于　航　白景峰　主　编
张春意　薛永华　副主编

海洋出版社
2020年·北京

图书在版编目（CIP）数据

航道环境保护工作对策研究：以长江航道环境保护为例/于航，白景峰主编. --北京：海洋出版社，2020.7

ISBN 978-7-5210-0613-1

Ⅰ.①航… Ⅱ.①于… ②白… Ⅲ.①长江-航道-环境保护政策-研究 Ⅳ.①X-012

中国版本图书馆 CIP 数据核字（2020）第 121515 号

责任编辑：薛菲菲

责任印制：赵麟苏

海洋出版社 **出版发行**

http://www.oceanpress.com.cn

北京市海淀区大慧寺路 8 号 邮编：100081

中煤（北京）印务有限公司印刷

2020 年 8 月第 1 版 2020 年 8 月北京第 1 次印刷

开本：787mm×1092mm 1/16 印张：6.5

字数：127 千字 定价：48.00 元

发行部：62100090 邮购部：68038093

总编室：62100971 编辑室：62100038

目　录

第1章　研究背景

1.1　研究必要性

长江发源于青藏高原的唐古拉山脉主峰各拉丹冬峰西南侧的沱沱河，流经青海、西藏、云南、四川、重庆、湖北、湖南、江西、安徽、江苏、上海 11 个省（市、自治区），于上海注入东海，全长 6 300 km，仅次于亚马孙河和尼罗河，居世界内河第三位，流域面积超 1.8×10^6 km^2，约占全国总面积的 1/5，是我国第一大河。长江源远流长，水量充沛，终年不冻，水运条件优越，素有“黄金水道”的称誉。作为支撑长江经济带发展的重要条件，长江航道的生态环境保护也在整体长江经济带绿色发展中扮演着至关重要的角色。

近年来，党中央、国务院高度重视长江经济带生态环境保护工作。习近平总书记多次对长江经济带生态环境保护工作作出重要指示，强调推动长江经济带发展，理念要先进，坚持生态优先、绿色发展，把生态环境保护摆上优先地位，涉及长江的一切经济活动都要以不破坏生态环境为前提，共抓大保护，不搞大开发。思路要明确，建立硬约束，长江生态环境只能优化、不能恶化。李克强总理指出，要坚持在发展中保护、保护中发展，守住长江生态环保这条底线。

长江经济带既是我国经济发展的重要战略区域，也是环境保护的敏感区域。长江航道是横贯长江经济带东西的干流航道，是沟通我国西南、华中、华东三大地区的航运大动脉，并与辐射南北的主要通航支流构成我国最大的内河水运系统，航道里程超 7×10^4 km，占全国内河通航总里程的 70%。长江水系干支流航道与流域内铁路、公路相互联通，在我国中部地区组成最重要的水陆交通综合运输网。整体环境状况对长江经济带的经济发展与生态保护至关重要。近年来，随着长江经济带的整体发展，长江流域及航道的生态环境保护形势日益严峻。主要表现在：水生生态环境状况压力增加，长江流域每年接纳废水量占全国的 1/3，部分支流水质较差，湖库富营养化未得到有效控制，中下游湖泊、湿地功能退化，长江水生生物多样性指数持续下降，多种珍稀物种濒临灭绝；危险化学品运输量持续攀升，航运交通事故引发环境污染风险增加，涉危险化学品码头和船舶数量多、分布广，部分船舶老旧、运输路线不合理、应急救援处置能力薄弱等问题突出。长江干线危险化学品运输量仍以年均近10%的速度增长，发生危险化学品泄漏风险持续加大；长江经济带污染排放总量大、强度高，废水排放总量占全国的40%以上，单位面积化学需氧量（COD）、氨氮、二氧化硫、氮氧化物、挥发性有机物排放强度是全国平均水平的1.5~2.0倍，航道水质安全保障与管理压力大；航道环境管理体制不完善，缺乏航道环境保护和管理与整体航道发展规划的有效结合，未形成科学、高效的航道环境管理模式，对于长江航道的生态环境保护缺少宏观层面的策划、管理与应对措施。因此，如何建立科学的航道环境管理机制与模式，提出长江航道宏观层面的环境管控措施，是目前长江航道生态环境保护迫切需要解决的问题，对提升长江航道环境保护水平具有推动作用。

综上所述，有必要针对长江航道环境保护要求与现有环境管理方式，开展长江航道环境保护总体管理模式与对策措施研究，对于指导长江航道生态优先、绿色发展具有重要的意义。具体来讲，开展长江航道环境保护总体管理模式与对策措施研究具有以下意义：

（1）是提高长江航道生态环境质量的必要条件。通过研究制定与新时期生态文明建设相适应的环境管理模式，提高长江航道的环境管理水平，对提高长江航道及长江经济带整体生态环境质量、资源高效利用具有积极的推动作用，是国家修复长江生态环境方针政策的重要保障。

（2）是解决长江航道环境管理问题、合理规划与制定各项对策措施的必要手段。长江航道的环境保护是一项综合性强，且不断发展变化的工作，需要运用一种系统的管理方法。建立新的环境管理机制正是积极推动航道环境保护工作的有效工具，目的是通过建立有效的环境管理机制，实施合理的污染防治对策措施，将长江航道的各种环境问题从管理上加以全面、系统的梳理和解决，使得长江航道在快速发展的同时，减少或避免对环境造成不良影响。

（3）开展长江航道环境保护总体管理模式与对策措施研究，制定下一步长江航道生态环境工作总体策略及方向性建议，也是对实施《长江经济带生态环境保护规划》的积极响应。在规划中明确提出要强化生态优先、绿色发展的环境管理措施，而开展长江航道环境保护总体管理模式与对策措施研究，提出新形势下的长江航道环境管理机制与对策措施，对于保障长江生态保护、国家经济建设具有重要的意义，是国家生态文明建设政策贯彻落实的重要体现。

1.2 研究目标

近年来，我国的经济发展日新月异，在物质生活方面，人们的满意度越来越高。

但是，经济快速发展的同时也带来了一系列的环境问题和社会问题。空气污染表现出非常明显的区域特征和复合型的污染特征，汽车尾气、工业废气、秸秆燃烧等导致严重的空气污染等问题。主要河流污染也相当严重，生活污水和工业废水不加处理就直接排放到江河湖泊中，导致大面积的鱼类死亡、水体富营养化、水体恶臭等问题，严重污染饮用水源，危害人们的生活居住环境。

长江经济带东起上海市，西至云南省，涵盖东部的上海市、江苏省、浙江省，中部的安徽省、江西省、湖北省、湖南省，以及西部的重庆市、四川省、云南省、贵州省11个省、市，是我国重要的经济走廊，其总人口和生产总值均占全国40%以上，在我国占有重要的战略地位。近年来，国家对于长江经济带与内河航道的生态环境保护日益重视。2018年4月，习近平总书记在武汉主持召开了深入推动长江经济带发展座谈会并发表重要讲话。他强调，推动长江经济带发展是党中央作出的重大决策，是关系国家发展全局的重大战略。新形势下推动长江经济带发展，关键是要正确把握整体推进和重点突破、生态环境保护和经济发展、总体谋划和久久为功、破除旧动能和培育新动能、自我发展和协同发展的关系，坚持新发展理念，坚持稳中求进工作总基调，坚持共抓大保护、不搞大开发，加强改革创新、战略统筹、规划引导，以长江经济带发展推动经济高质量发展。

长江航道作为长江经济带整体发展的重要载体，其生态环境保护工作在长江经济带“共抓大保护”“生态优先、绿色发展”的宏观形势下具有重要的意义与影响。近年来，我国处于建设资源节约、环境友好型社会，发展低碳经济的大环境下，内河航道水运以运能大、能耗低、占地少、污染轻等优势得到社会普遍认可，水运发展面临新机遇。长江航道也面临同样的问题：一方面，长江航道水运需支撑经济发展；另一方面，也要提高生态环境质量。

综上所述，以往的长江航道环境管理机制与模式已不能满足国家生态文明建设的需求，因此急需依据新时代的国家政策要求，开展长江航道生态环境保护工作机制与总体策略研究。本书的研究目标包括：

（1）分析长江航道目前的生态环境现状与生态绿色发展任务；

（2）分析国家、地方、部委等不同层面对于长江航道环境保护的新政策、新要求；

（3）提出长江航道环境保护工作战略目标及重点任务；

（4）制定下一步长江航道生态环境工作总体策略及方向性建议措施；

（5）提出长江航道环境保护与管理工作体制，提升长江航道环境管理水平，为实现国家长江经济带绿色发展提供支撑与保障。

1.3 主要研究内容

为贯彻落实习近平总书记关于长江经济带“生态优先、绿色发展”等重要指示批示精神，适应新时代环境保护工作要求的需要，本书主要分析长江生态绿色发展形势与任务，理清长江航道环境保护工作任务，完善长江航道环境保护体制机制和管理模式，构建长江航道环境保护管理体系的需要。根据长江生态绿色发展形势与任务，针对当前长江航道环境保护问题和今后长江航道生态绿色发展要求，从宏观层面，研究长江航道养护运行、装备与工艺进步、环保管理与监督、科研及技术推广应用等方面的发展战略，提出方向性举措建议，指导今后3~5年长江航道环境保护工作的需要。主要研究内容包括以下4个方面。

1.3.1 长江航道环境保护工作现状调研分析

以长江干线航道为主要对象，以长江中游、下游航道为重点，挑选武汉、南京、重庆等典型区域，通过现场调研、资料收集、现场踏勘等方法对长江航道环境保护工作开展现状调研，对航道现行环境管理制度、环保管理体系、环境管理手段、环境管理职责、环保工作发展规划及存在问题进行调查，并对长江航道主要的管理部门及下属单位进行调研，分析长江航道生态绿色发展的需求。

1.3.2 长江航道环境保护任务研究

梳理总结目前国家各项环境保护与生态文明建设新要求、新规范，分析在新形势下国家对于长江经济带以及长江航道生态环境保护的要求，总结目前长江航道环境保护与管理中存在的不足，总结目前国内外先进的航道管理模式与管理经验，研究新时期长江航道生态绿色发展的趋势，结合国家对于长江航道的生态环境管理任务与要求，提出长江航道生态保护与环境管理的发展任务与主要目标。

1.3.3 长江航道环境保护战略研究

在现状调研基础上，理清长江航道环境管理部门的组织机构形式、现执行的环境保护法规和标准、有关法规贯彻执行区内建设项目环境影响评价及“三同时”制度的执行情况、污染源治理的情况及相关污染源防治管理办法、环境监督监测的管理情况、奖励和惩罚制度。从管理组织机构及分工、环境管理制度、管理手段等多个方面对比国内绿色港口的先进措施，提出长江航道环境管理需改进和提高之处，制定长江航道环境保护工作总体战略目标和重点任务。

1.3.4　长江航道环境保护对策措施研究

以建立满足新时期长江航道环境保护要求的管理机制为目的，提出下一步环境保护与管理主要工作与各项对策措施。

1.3.5　长江航道环境保护与管理工作体制制定

结合长江航道局现有的机构设置与人员安排，建立长江航道环境保护与管理工作体制，制定涉及个人及部门的具体环境保护工作职责。

1.4　技术路线

本书在数据收集、文献分析、实地调研的基础上，分析长江航道的主要生态环境问题与环境管理机制现状，通过对比分析、专家咨询等方法梳理长江航道现有环境管理机制与国家新政策、新要求之间的差距及不足，通过定性研究方法，建立长江航道环境管理模式与工作机制，并结合现有的航道管理经验与污染防治措施，从宏观层面提出相应的环境保护对策措施，为长江航道生态环境保护提供指导依据，具体技术路线如图1-1所示。

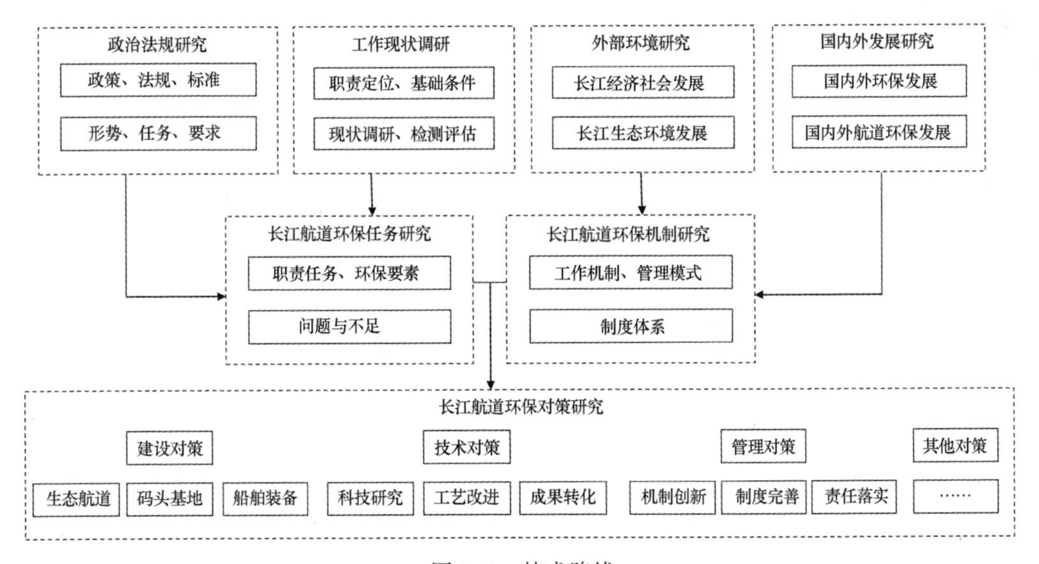

图1-1　技术路线

第2章　航道环境保护与管理的国内外研究进展

2.1　国外研究现状及案例分析

国外开展航道保护与管理的研究比国内早，总体研究水平也较高。长期以来，国外对于航道的环境保护与管理极其重视，多年来不断有学者进行了航道环境保护与管理的相关研究，并取得了大量的研究成果。综合来看，对于航道的环境保护与管理是随着各个国家的重视程度而不断变化的，在主要的研究内容上，各个国家也略有不同，但主要集中在航道环境管理模式与体制研究、生态绿色航道建设与管理研究、航道环境风险管理等几个方面。

2.1.1　国外环境管理模式与体制研究现状分析

航道环境管理的模式和体制是随着社会环境意识的进步而逐渐进化的，环境管理的具体内容与方法随着人类社会的发展在不断发展和完善。在世界普遍将航道环境管理等同于航道污染治理的年代，国外学术界将航道环境管理视为对损害人类自然环境质量的人的活动施加影响。在后续的研究中，这个观点也逐渐发生了变化。

纵观近年来国外航道环境管理领域的相关文献可以发现，国外航道环境管理模式与制度的相关研究鲜有从一国政策的高度发起，宏观环境管理研究多涉及某一项环境管理制度或工具的广泛应用，这使得国外航道环境管理模式的研究层面集中于中观与微观，内容集中于具体的制度、手段，更为具体，也拥有更强的实践性。这与国外环境管理理念逐渐偏离命令-控制模式不无关联。其中较为典型的航道环境管理制度研究有：Van Berkel 等[1]针对 1997—2006 年日本生态航道建设管理计划的分析研究，提出航道环境管理体制应按航道本身涉及区域作为基础，而不应以行政区域作为管理载体；Honkasalo[2]针对欧盟环境管理与审计计划（EMAS）作为环境政策的实施情况与效果分析，提出在航道环境管理制度中应体现法律规范要求；有学者针对西班牙在港口及航道实施环境会计这项环境管理工具 20 年来的经济状况进行了分析研究[3]。以上都是对较大时间或空间尺度上的环境管理制度或环境管理工具的深入研究。在微观层面上，有诸多文献围绕实施某一项或某一类环境管理手段的情况进行了个别或类别案例研究。这其中选择的具体落脚点又有很多区别。如 Zorpas[4]针对在航道管理中实施环境管理体系的情况进行的分析，属于将环境管理落脚到某一规格的环境体系分析；Park 等[5]针对航道环境保护的类似研究是落脚到某一航道工程的环境影响分析；Cote 等[6]则是针对某一地区航道保护的某一项具体工作进行研究分析。

此外，国外还有许多学者针对环境管理体系与指标进行了研究工作，并将成果运用到港口及航道的环境保护体制工作中。Peris-More 等[7]提出适用于港口环境保护管理的指标体系，自主创建了系统模型并且利用多标准分析法预测未来港口经济发展中潜在的环境影响情况。Palpal 等[8]从港口运营和发展及其相关的潜在环境影响的研究出发，阐述了英国在港口发展环境问题上的政策和立法，在对一些港口的环境管理实践及管理工具进行证实分析的基础上，提出了针对英国港口的环境保护措施。Wooldridge 等[9]提出了科学的指导方法来解决港口环境管理立法问题。Grigalunas 等[10]通过对纽约、西雅图、长滩、新泽西等地区的港口考察，从港口可持续发展的成本角度阐述了制约港口可持续发展的诸多因素，并提出了多项针对集装箱港口的可持续发展建议。阿姆斯特丹港与荷兰其他的港口一起协商通过了一项环境政策，其中一点是创造清洁的航运。港口通过对土地与环境的合理利用，控制并减少二氧化碳的释放。在 2015 年前实现所有内河船舶和邮轮在公共系泊处只连接岸电系统，而远洋船舶的岸电系统也在测试之中，同时规定了到 2025 年所有未能达到空气质量标准的内河船舶不能停靠任何港口。

通过以上分析可以看出，国外对于航道环境管理模式与体制的研究成果较为丰富，但总体对于航道的环境管理是以国家政策法规为依据不断调整完善，以流域为总体进行环境管理，同时环境管理要具备科学的管理体系与管理指标要素，作为航道环境管理工作的依据。环境管理指标体系的完善和合理化也逐步成为后续研究的重点方向，这些工作都为我国的航道环境管理与模式研究提供了基础。

2.1.2 国外生态绿色航道建设与管理研究现状分析

“生态绿色航道”是近年来逐步兴起的一个概念，国外的研究对于其认知也相对较早。特别是欧洲国家，对于内河航道的生态建设与管理已经开展了大量的工作。欧洲等国家在 20 世纪 80 年代末就在航道管理中提出了要应用全新的“亲近自然河流”概念和“自然型护岸”技术。如瑞士和德国就提出了捆材护岸、沉排、草格栅和干砌石等生态护岸形式，在大小河流均有较多的实践。莱茵河是欧洲经济最发达国家的聚集区，渔业、工业、交通、航运以及旅游业因为这条欧洲第三大河的存在而发展和繁荣，并享誉世界。20 世纪中叶以来，随着工业的高速发展，莱茵河曾一度成了欧洲最大的下水道，仅在德国段就有约 300 家工厂把大量的酸、漂液、染料、铜、镉、汞、去污剂和杀虫剂等上千种污染物倾入河中。此外，河中轮船排出的废油、两岸居民倒入的污水、废渣以及农场的化肥、农药，使水质遭到严重的污染。20 世纪 70 年代，莱茵河被称为“欧洲最浪漫的臭水沟”，创造了巨大财富的莱茵河也因此付出了惊人的代价：1993 年和 1995 年发生两次洪灾，洪水淹没了沿岸一些城市，造成了几十亿欧元的损失。分析洪灾原因，主要是由于莱茵河流域生态遭受破坏，莱茵河的水泥堤岸限制了水向沿河堤岸渗透所致。德国学者开始放弃单纯的钢筋混凝土结构，改用无混凝土护岸或者钢筋混凝土外覆土植被的非可视性护岸。他们对莱茵河进行了河流回归自然的改造，将水泥堤岸改为生态河堤，并且将改造效果评估作为其环境管理的重点内容，逐年实施，同时认真制定了逐步削减污染物的环保对策与工作模式。如今的莱茵河，从德国的美因茨（Mainz）到科布伦茨（Koblenz），河道蜿蜒曲折，河水清澈见底，通过生态航道的建设与环境管理的实施，人们深刻地理解了保护自然、亲近自然、还原其本来面貌的重要性。

土壤生物工程护岸技术（soli-bioengineering）概念最早为美国提出，生物护岸工程是用可降解生物（椰皮）纤维编织袋装土，形成台阶岸坡，然后栽上植被。此项技术被应用到新泽西州雷里坦河生物护岸工程与环境管理工作中。工程实施后，人们对于生物护岸工程这项新技术仍持怀疑态度。1999 年 9 月，“弗洛依德”飓风袭击美国东北部地区，这次飓风带来的破坏力是史无前例的，但对这项生物护岸工程基本没有造成破坏。该护岸工程在许多年中一直在发挥设计所要求的功能。生物护岸工程的成果清楚地表明了生物护岸工程适当应用的可靠性，同时增加了土壤生物工程应用于护岸的知识积累。而中国的内河主要为山区雨源性河流，与欧洲的河流有较大的差别，但与日本的河流特点类似。日本的河流护岸一般以自然植被、石材和木料为主构建生态河道，在大型河流的护岸中也采用刚性材料，但同时非常重视其生态性保护与管理。20 世纪 90 年代初，日本又提出了“亲水”观念，开展了“创造多自然型航道计划”。日本建设省推进的第九次治水五年计划中，将河道的管理作为重点内容，对 5 700 km 河流采用多自然型河流治理法。实践表明，通过在航道管理中加入具体的生态航道建设技术，能够有效地提高航道的水环境功能，增加航道水环境的自然净化功能。

通过分析可以看出，国外对于生态航道的建设技术已经开展了大量研究工作，并且已经进行了具体的工程实施。工程实施后，通过在航道环境管理体制中纳入生态航道技术评估等工作，更好地实现了航道的水体功能改善。这种生态航道建设技术与环境管理模式相结合的航道管理机制也为我国的航道环境保护工作提供了新的思路。

2.1.3　国外航道环境风险管理研究现状分析

近年来，随着航道运输规模的增加，国外对于航道环境管理研究工作中的环境风险管理研究也日益重视。部分国家在航道的环境管理中已将环境风险的防控与管理作为工作考核的一部分，同时，在航道环境管理的指标体系中也逐渐加入了有关环境风险与应急的管理指标，在环境风险理论分析、船舶风险控制、整体管理模式等方面都进行了不同程度的研究。

跨区域环境管理是近年来学术研究的热点问题之一，涉及的学科领域从经济地理学、政治经济学、区域经济学到公共管理学，环境管理学、生态学等。

河流的统一合作管理可以追溯至 18 世纪被英国殖民的埃及的尼罗河，问题集中在水资源分配利用上。从 20 世纪 90 年代开始，联合国开始广泛关注世界范围内的跨区域环境管理问题，如依托于《日内瓦公约》的欧洲环境管理合作便是较好的典范［如欧洲监管与评估方案（EMEP）］。同一时期，关于跨区域流域环境管理的体系化研究开始涌现，“流域管理”的概念于 1991 年被提出。多数国家进行了有效的实践探索，最初起始于尼罗河流域，后又有约旦河流域、湄公河流域、莱茵河流域、印度恒河流域和哥伦比亚流域等地区的跨界合作管理。成立于 1999 年的尼罗河流域行动委员会（NBI）是多国政府间的合作组织，其主要职责在于水资源管理、水资源开发、建立合作和共荣，通过合作管理已取得了显著的成绩。国际水管理协会与其他研究机构致力于与 NBI 一起识别关于尼罗河水资源的理解分歧。

还有一部分跨域水环境管理的研究基于这些实践之上，往往不是单一的解决水环境污染问题、水资源分配问题等，而是通过综合一个统一的系统，深挖问题产生的根源，并利用不同学科从不同视角进行探讨分析，统一规划，然后制定合理的系统最优机制一一解决。

对于同一个管理方向的问题，各方研究均不单一就事论事，而从多角度可能涉及的多学科方向上进行挖掘，以综合寻找解决问题的方法并建立模式。美国学者 Blanc 和 Rucks[11]采用聚类分析的方法对 1978—1987 年期间的密西西比河下游的 936 起事故进行分类分析，统计事故发生规律，将其规律与当地通航管理部门的环境管理结合起来，建立了密西西比河的航道环境风险管理控制机制，并在后期不断对此机制进行完善。挪威学者 Drager 等[12]从大量挪威水域碰撞事故中分析了各致因因素同事故间的相关性，以及各因素引发交通事故的比例，从环境风险的角度提出了降低航道事故的管理模式与机制，并从管理部门角度出发，提出了环境风险应急的对策措施，作为环境管理模式中的解决环境风险问题支撑模块，该研究结论为挪威的通航管理提供了良好的理论支撑。

随着计算机技术的发展，国外对于航道环境风险管理的研究领域也越来越广泛，事故再现以及船舶风险也逐步体现到航道的环境管理研究中。事故再现技术是指在船舶发生交通事故后，利用事故船舶上所采集到的相关航行数据（如航向、航速、船位等），结合计算机仿真技术，将事故发生过程通过二维或三维的形式再现，让人们能够以一种直观的方式了解事故发生的全过程。其主要方式有以下几种：①通过有限元分析的方法，根据船舶的航行数据以及通航水域的水文及气象条件，对事故过程进行数值模拟；②利用船载航行数据记录仪和船舶自动识别系统对船舶在事故前后的航迹、航向等进行复原，并通过计算机仿真技术对碰撞过程进行模拟；③利用船舶操纵模拟器结合电子海图，编制适合实际的操作方案，再现事故发生时的通航环境，通过合理的模拟实验方案，以实现对事故过程的模拟。在船舶环境风险评估中，国外学者常通过风险分析技术为核心的规范化安全评估（Formal Safety Assessment，FSA）方法，利用统计手段，对船舶通航的环境风险状况进行评估。其中，美国学者 Jin 和 Thunberg[13] 利用 1981—2000 年的事故数据，采用 Logistic 回归分析方法讨论船舶发生环境风险的概率；荷兰学者 Slob[14] 通过分析历史溢油事故，分 4 步骤识别内河不同河段的溢油事故风险；芬兰学者 Kujala 等[15] 利用 10 年的事故记录数据建立芬兰海峡的环境事故概率风险模型，并通过该模型分析芬兰海峡不同水域的不同类型事故风险的概率；而英国学者 Lois 等[16] 则应用 FSA 方法对游艇进行风险分析，提出游艇的安全性与人员的可靠性、火灾的防止措施、人员之间通信有关。

2.1.4 莱茵河流域水环境协同治理案例分析

2.1.4.1 莱茵河流域的水污染

莱茵河沿岸人口和工业的高度集中带来了各种工业污染和生活垃圾污染，使得莱茵河水质每况愈下。从 18 世纪中期开始，“映照着整个欧洲历史和文明的辉煌与自豪的骄傲之河”开始出现各种环境污染问题。20 世纪 50 年代，莱茵河水环境污染已经臭名远扬。到了 70 年代，随着流域各国特别是法国、德国的人口数量激增、工农业的高速发展、城市化步伐的加快，莱茵河的水污染问题已经达到无以复加的地步。莱茵河流域的水体污染主要以工业污染为主，尤其重金属负荷非常高，由此使莱茵河基本丧失自净能力。一直到 1986 年，莱茵河上游瑞士靠近巴塞尔的山度士化工厂仓库失火，超过 10 t 的杀虫剂径直流向莱茵河，有毒物质造成河流内鲑鱼和小型动物大量死亡，当时受到污染的河段超过 500 km，下游地区也因此受到严重污染。对于本已严重污染的莱茵河，山度士莱茵河事件如同雪上加霜，沿岸各国开始共同实施“鲑鱼 2000 计划”。经过近 17 年的国际、府际协同治理，作为水质治理的标志，鲑鱼终于在莱茵河上游瑞士一带产卵，其他生态鱼类和鸟类以及两栖动物开始在莱茵河流域重现。

2.1.4.2　莱茵河的水污染治理措施

面对严重的水污染问题，莱茵河流域各国家逐渐意识到开展水污染治理的重要性，依据“鲑鱼 2000 计划”等一系列方案，逐步制定了专门的防治各类污染的公约，并制定了有关防治措施，具体如下。

（1）《莱茵河防治化学污染公约》（1976 年签署）。公约要求各成员国建立监测系统，制订监测计划，建立水质预警系统。公约还规定了某些化学物质的排放标准。通过建立不同工业部门协调工作的方式，采用先进的工业生产技术和城市污水处理技术减少水体和悬浮物的污染。

（2）《莱茵河防治氯化物污染公约》（1976 年签署）。公约确定的治理目标是减少德国、荷兰跨国边界水体中的盐含量，使河水盐浓度不超过 200 mg/L（天然情况下的盐含量小于 100 mg/L 氯化物）。公约要求将部分法国矿业开采产生的盐贮存在当地，费用由法国、德国与荷兰分担。但该条款被法国阿尔萨斯人否决，荷兰议会也拒绝付款，因此没有实施。1991 年召开的部长级会议签署了一个更有效的方案作为《莱茵河防治氯化物污染公约》的附加条款并取得成功。

（3）《莱茵河防治热污染公约》虽未签署，但已执行。20 世纪 70—80 年代，保护莱茵河国际委员会（ICPR）各成员国强调莱茵河沿岸的电站和工厂必须修建冷却塔，确保排放水的温度达到规定值。1988 年，各国部长公开宣布莱茵河必须防止热污染。今天，莱茵河的热污染已解决，不再成为重要问题。1989 年，ICPR 停止了这方面的工作。

（4）莱茵河 2000 年行动计划（Rhine Action Plan，RAP）。针对山度士莱茵河事件，1987 年 9 月，ICPR 成员国部长级会议制订并通过了莱茵河 2000 年行动计划，明确提出治理莱茵河的长期目标。这个计划的特点是：从河流整体的生态系统出发来考虑莱茵河治理，把鲑鱼回到莱茵河作为达成治理效果的标志。行动计划的主要内容有：①整体恢复莱茵河生态系统，使水质恢复到原有物种如鲑鱼、鳟鱼能够洄游的程度，故又称“Salmon 2000”计划，即以 2000 年鲑鱼回到莱茵河作为达成治理效果的标志。②莱茵河继续作为饮用水源地。③减少莱茵河底泥污染，使底泥能用于造地或填海而不会对周围环境造成不利影响。④进一步提高莱茵河的保护目标，减少对北海有毒、有害物质及富营养化物质的排放量，保持北海生态稳定。⑤全面控制和显著减少工业、农业（特别是水土流失带来的氮、磷和农药污染）、交通、城市生活产生的污染物输入。

从以上一系列措施，我们可以总结出莱茵河综合治理所采取的措施包括：削减各类污染物排放量；重建生态系统；改善防洪措施，减小防洪风险；提高工业部门的管理水平，避免污染事故发生等。通过这一系列措施的实施，莱茵河水环境改善显著。

2.1.4.3 莱茵河流域水环境多部门协同治理

莱茵河作为国际性河流，在体制上，流域管理机构在事实上成为流域管理体制的核心要素。为了重现莱茵河的生机，保护莱茵河国际委员会在2000年以前是实际执行莱茵河流域水污染防治的最主要的流域管理机构。2000年开始，随着欧盟一体化进程的加速，在水环境保护方面，欧盟作为各国政府的理论上级参与跨国水污染治理工作，逐渐发挥了其协调与监督作用。

保护莱茵河国际委员会在流域水污染协同治理过程中提供的更多的是一个平台，具体的相关协议的落实实际需要流域各国通过国内的相关法规制度具体贯彻落实下去。以德国为例，德国是莱茵河水污染防治缔约国中较为积极配合落实的缔约方之一。德国实行中央与地方分权制度，水资源保护的相关职责具体由地方自治机构来履行。对于保护莱茵河国际委员会协议，德国认真执行并通过制定相关法规来保证本国地方政府落到实处。

2.1.4.4 莱茵河水污染协同治理的监督约束机制

1）内部约束机制

（1）行政监督

德国相对于其他流域国家，其在莱茵河流域面积占比约为50%，德国也相应地承担了绝大部分的治理费用。因此，德国在莱茵河流域的地位举足轻重，其在莱茵河防治过程中的落实程度基本直接影响着相关治理协议的实施效果。德国是一个联邦制国家，分为三级政府：联邦政府、州政府和地方政府机构。地方政府层级为县/非县属市（这两者平级）和镇，镇又分为乡镇和城镇。地方政府遵循自治原则，联邦宪法和各州宪法都保障地方自治的地位。在执行严格中央地方分权制度的德国，地方自治机构实际履行和承担水资源管理的职责，联邦政府实际只有框架立法权。但德国依据不同的层级立法机构来制定相关法律法规，组织相关部门加以约束监督，注重贯彻和落实。对保护莱茵河国际委员会的协议，德国不仅认真执行其规定的标准，而且保证本国地方政府落到实处。比如德国政府要求莱茵河沿岸的各州在限定的期限内，依据《莱茵河防治化学污染公约》在本州范围内建立起完整的监测系统，立体、全方位的监测网络保证各行政区划内的水污染防治的实施效果，全面快速地掌握本行政区内的环境状况和污染源所在。一旦发现稍有异常，便追究到地方政府及其分管河段的负责人。莱茵河治理过程中的费用大部分都由各州政府承担，并且年度监测公报要及时向联邦管理部门提交。

（2）协作责任追究机制

欧盟对于消极、不配合流域协同治理的国家和地区采取严格的责任追究机制，流域河段所在国不按照欧盟法规要求的成员国会被提起诉讼，欧洲法院依据调查会对不按要求的成员国采取罚款或减少相关政策预算，大部分的追究惩戒措施会进入执行程序，各成员国驻欧盟代表也被要求对此作出报告以及后期整改计划。保护莱茵河国际委员会作为流域管理机构在责任追究方面也有相关的规定。1999 年，莱茵河沿岸各国共同签署了《莱茵河保护公约》，该公约的主要内容就是各国达成一致目标，限制污水排放。该公约规定，各国境内自行采取必要的限制污水排放措施，对于污水排放需要征得许可证。保护莱茵河国际委员会秘书处设协调战略组和微观动态组，这两个工作小组主要的工作是对各国的水污染治理实施情况进行评估，并将评估情况向部长级会议和协作会议报告。同时，在公约中还对莱茵河流域的环境管理与分工进行了说明，如表 2-1 所示。

表 2-1　莱茵河流域环境管理的国际组织分工

名称	任务	活动内容
莱茵河流域水文国际委员会	对流域各河段的水文情况进行技术监测，为相关机构的合作提供支持；推动数据信息标准化和信息交换	比较流域水文模型；洪水预报与分析；泥沙输送调变等
保护莱茵河国际委员会	调查河流污染源、污染物输送；流域各国各地方政府协议的落实；保护莱茵河协议的起草	水体及动植物的污染物调查；生物和化学监测；流域生态形态研究；污水、污染物排放监测等
保护 Morel 河和 Saar 河国际委员会	Morel 河和 Saar 河污染情况调查；流域政府协议的实施	防止污染物排放的措施规划、记录；生态系统研究
保护康斯坦茨湖国际委员会	康斯坦茨湖水质监测；为沿岸国家水污染防治提供建议	动水质和湖泊研究；水质持续评估与规划
莱茵河船运中央委员会	沿岸国家的航运合作；航道维护；技术政策指南标准化	各工作组起草莱茵河流域国际航道的航运建议书，并监督船运

2）外部监督机制

（1）法律监督

从流域各国国内法的相关规定来看，德国不仅是最具代表性的，也是世界上在环保领域法律最完备的国家。在德国制定的一系列环保法律法规中，《用水规划法》明确规定了政府机关在保护水源方面的重要原则和措施，对各政府机关保护水源、管控污染排放、治理义务等都作出了法律规定。也正是由于流域各国在各自国内法方面的严格规定，才保证了协同治理政策和府际协定得到不折不扣的落实。

“预防原则”一直是各缔约国国内法、欧盟法律和保护莱茵河国际委员会协议所遵从的法律基准。对于府际协同治理的监督上，也是通过各种完备法律的规定实现限制各国的治理行为，预防、避免各国的失责、背约行为。虽然莱茵河流域治理是跨国性的流域治理，在法律的实际强制性效力上无法与一国之内的法律法规相比，但莱茵河流域治理为实现府际协同治理而在法律法规方面的构建上有很大的参考价值。

（2）综合性流域管理机构的监督

保护莱茵河国际委员会严格规定了缔约方在协同治理中的责任与义务。各国由于政治、经济发展情况不同，流域防治协议实施存在诸多的不确定性因素。保护莱茵河国际委员会为了实现既定目标，使跨国府际协同治理更具成效，对流域相关国家政府的责任和行为进行了严格的规定。第一，各缔约方及时地通报各自境内的措施实施情况，加强流域政府间合作，对各自境内生态状况进行不间断的检测，确保实时数据及时、准确、公开。第二，对委员会作出的决定要及时作出响应，对于污染事件调查确定其原因和相关责任人。第三，预警机制，对潜在的可能污染水源的事件要预先通报各成员国和委员会，以便采取应对措施。第四，缔约方对委员会决策、裁决有异议的可寻求与委员会协商解决，协商未达成一致时可按照相关规定申请仲裁。

保护莱茵河国际委员会下设了数量相当多的专业和技术协调工作组，这些专业协调小组在协助各国进行水污染治理之外的一个重要工作就是对流域各国的水质、生态、排放标准、防洪和可持续发展规划建设情况进行评估，监督流域各方按照要求的标准严格贯彻落实，如水质工作组、生态工作组、排放标准工作组、防洪工作组、可持续发展规划工作组，等等。

在莱茵河流域水污染府际协同治理过程中，保护莱茵河国际委员会下设一个常设机构——秘书处，负责日常工作。保护莱茵河国际委员会当中最具特色的是由政府间组织和非政府间组织组成的观察员机构，该机构主要的职责就是对各成员国的环境保护政策和协同治理工作计划的落实情况进行监督。观察员机构将政府、非政府以及社会力量充分吸纳到组织当中来，充实了流域管理机构的人员组成和实际监督工作当中的影响力。

（3）公众监督

流域的环境管理关系到沿岸每位居民的切身利益，需要民众广泛的认同并参与监督，保证水污染治理的协议和方案得到很好的贯彻落实，这对于莱茵河流域居民来说才是未来可期的生态蓝图。德国在1994年制定颁布了《环境信息法》，该法从法律上赋予公众享有参与和监督的权力，并且详细规定公众参与的途径、方法和程序，包括参与听证会制度、顾问委员制度，以及获得相关公开信息的权力等。这些规定激发了公众强烈的环保意识，以不同的方式关注莱茵河的水污染治理，环保意识深入人心。民众通过选举制度选举环保政绩较好的领导人上台，对于环保政策执行不力的官员给予强烈的舆论批评，由此成为对流域协同治理立体化监督的重要组成部分。

保护莱茵河国际委员会为了发挥公众的监督作用，向各国公众通报莱茵河的环境状况和治理成果。基于网络的综合信息系统提供各个河段的水质情况，并且实现了环境信息的"一站式"服务；成立有非政府组织参与的观察员机构，这些机构的主要工作是与公众进行莱茵河防治的信息交流，让更多的公众了解莱茵河防治的措施及预期达到的效果，对莱茵河防治的政策发表自己的观点，并提出建设性意见。其中，更重要的方面是提高信息的公开性和透明性，通过向外发布公告，让政府的治理行为处于公众的监督之下，使防治实施不及时的地方政府处于每位市民、社团或者行业的舆论监控之下。该观察员机构向流域内相关国家政府和非政府组织机构授予观察员身份，实现流域公众的知情权和监督权。

2.1.5　塞纳河环境治理案例分析

2.1.5.1　塞纳河污染情况

塞纳河发源于法国东部的朗格勒高原，全长 776 km，可通航段 534 km，是法国第四大河。它从巴黎的东南方向流入巴黎市中心区，由西南方向出海，途经巴黎地区河段 280 km。

进入 20 世纪，塞纳河沿岸水环境污染进一步加重，到 60 年代，巴黎下游 100 km范围内水体厌氧或近似厌氧。特别是 Achères 污水厂排水口附近由于水体缺氧，导致水生生物灭绝。

塞纳河水质受到多种因素的影响，主要有农业污染、生活污染、工业污染和雨污水溢流等。整个塞纳河流域 60%的地区发展农业，尤其是巴黎上游段主要为高产农作物的农业用地，小麦、甜菜和大麦的产量分别占法国总产量的 50%、67%和 35%，肥料和杀虫剂的使用量非常大。塞纳河及其支流流域内的地下水有近 25%采样点的硝酸盐浓度超过 40 mg/L。

塞纳河沿岸有 9 座城市，容纳了法国人口的 30%，人口相当密集；同时拥有大量重要的工业企业，法国 40%的工业活动都聚集于此。因此，产生了大量的生活污水和工业污水，水体内的有机污染物、重金属、氨氮等含量都非常高。

2.1.5.2　塞纳河环境治理措施

20 世纪 60 年代初，塞纳河由于污染严重，生态系统全面崩溃，河中曾有的 32 种鱼类只有两三种勉强存活下来。

1964 年，塞纳河诺曼底水务局（the Seine-Normandy Water Agency）开始治理塞纳河。当时面临的环境方面的主要挑战是控制农业污染、控制城市雨污水污染、生活污水除磷脱氮处理和湿地恢复等。

塞纳河水质的改善主要归功于沿岸污水处理厂的建造，从 20 世纪 60 年代末到 70 年代初，污水处理率显著提高，从不到 30%提高到 70%左右，并一直保持高于该值的处理率，到 2000 年污水处理率已达到 80%。同时，处理深度也不断提高，以 1998 年建成并运行的 Colombes 污水厂为例，各种污染物的去除率都已超过 90%。

1991—2001 年，塞纳河诺曼底水务局共投资了 56 亿欧元用于塞纳河流域内污水处理厂的建设，兴建污水处理厂 500 多座，其中超过 50%的污水处理厂具备除磷脱氮能力，工业污水的处理率增加了 30%。之后，河水水质有了持续改善——塞纳河巴黎段已出现了 20 种本地鱼类。

2.2 国内研究现状及案例分析

国内对于航道环境保护的研究相比国外开展较晚。近年来，随着我国内河航道建设的加快以及国家对生态文明建设的重视，航道的环境保护工作与研究也逐步受到学者的关注。环境保护管理机制、绿色生态航道建设、航道工程环境影响评估、航道环境风险等一系列研究工作逐步展开。同时，长江航道作为我国重要的内河航道，支撑着长江经济带的整体发展，对长江航道环境保护的理论与机制研究也受到了学者的关注。整体上，我国的航道环境保护研究集中在环境保护模式与机制、生态航道建设技术、航道环境风险评估与管理等方面。

2.2.1 国内航道环境保护模式与机制研究现状分析

我国学者在研究航道环境保护与管理制度和机制的改进时，相比国外的研究，选择的层面较为丰富。在宏观层面较多自政策开始。肖江文等[17]将我国航道环境保护与管理手段划分为两大类：管理手段与经济手段，提出航道的环境保护要考虑经济发展的因素，在实现经济最优化发展的同时，实现航道生态环境的可持续发展；同时指出我国环境保护与管理体系发展的两个阶段，即从 20 世纪 70—80 年代的以污染治理为中心转变为建立系统的理论框架，这一理论基础在航道的环境保护工作中也得到了充分的体现。类似的研究在我国航道环境保护理论研究领域为数众多[18,19]。在中观和微观层面，随着国内外学术交流的逐渐深入，与国外航道环境管理理论类似的研究在国内也极为丰富。在较早的文献中，密切贴合我国国情的很大一部分是关于三大环境管理原则与八大环境管理手段的分析和评述，如林海峰和李宏[20]对“谁污染谁治理”原则的分析研究中，对航道工程过程中的环境保护要素与环境管理对象提出了明确的要求；安爱红[21]对污染集中控制的分析和研究中，对航道水污染治理的目标制定提出了理论基础。基于大多数的研究成果，国内大部分学者认为，针对航道及其他对象环境保护与管理模式的研究虽然各有千秋，但可以概括出具有共通性的内容，即环境保护与管理的基础是一国的环境政策、法律、法规等规范性文件，目标是调整社会环境行为，提高社会环境表现；各种有利于环境目标的管理手段都可以被视为环境保护与管理手段。

我国还有部分学者从其他角度开展了环境保护与管理模式的研究。刘玉凤[22]对长江经济带经济发展与环境质量的协调性进行了研究，得出了 2004—2014 年长江经济带各省市的协调发展度和区域综合协调发展度，基于此对长江航道的环境保护模式提出了新的设想。神芳丽等[23]为航道环境管理体系更有效地实施提出了一些改进建议。赵彬[24]提出港口企业在实际工作中应建立 ISO 14000 环境管理体系所涉及的程序及主要内容。朱坤萍和张佳红[25]通过分析美国纽约-新泽西港口环境管理体系、日常运营监控和集运输系统的特点，总结出我国航道环境保护工作可借鉴的方面：首先，要将环保理念灌输到航道发展的每个环节；其次，需要国家和地方政府对环保公共设施的资金投入；再次，要建立航道环境保护绿色信息系统；最后，要建立完善的生产管理体系，对各工作过程进行监控、处理及备案。潘科[26]分析了集装箱港口环境影响因素及环保现状，提出了 ISO 14000 标准建立的重要性及具体实施细节。马祖毅[27]分析了宁波港的实际情况，利用环境管理手段对港口及航道的可持续发展与环境保护提出意见和建议。黄勇[28]提出了连云港在环境与经济和谐发展方面需要改进的地方。林洁和梁志勤[29]在分析了广州港口的环境现状与经济发展趋势后，提出了相应的环境管理措施。

可以看出，国内对于航道环境保护模式的研究与国外的研究理论基本吻合，认为航道环境保护与管理是基于国家整体的政策要求。同时，国内的环境保护模式与体制研究的对象与角度更为广泛，对本书中试验的开展提供了良好的理论支持。

2.2.2 国内生态航道建设与技术研究现状分析

对于生态航道建设技术的研究，目前国内航道上的生态建设与欧洲、美国和日本等发达国家相比，起步较晚，在生态航道建设理念和思想上还需要向发达国家借鉴。从整体上看，还有一定差距，需要我们结合国内的实际情况来学习和探索。

施雪良和朱兴娜[30]把河流比喻成城市的毛细血管，它既是天然水库，又能排水，还有降温及改善小环境的功能。在国际上，无论是对自然河道还是对大型的引水工程，尽量营造河道的天然状态已成为共识。王金潮和刘劲[31]认为随着社会的迅速发展，人类对河流和陆地生态系统的干扰强度越来越大，致使其结构和功能同步退化。河岸带（riparian zone）作为陆地和河流生态系统的联系纽带，由于人类过度扰动而造成系统状况日益恶化，给河岸带的生态状况和人类的生产、生活造成许多危害。Xu[32]认为河岸带是河流两旁特有的植被带，它是陆地生态系统和水生生态系统的交错区，由于特殊的位置，这里成为受水生环境强烈影响的陆地生境，因此具有独特的空间结构和生态功能。董玉兰和石祥增[33]在分析传统护岸治理航道存在的问题时，指出航道生态化比较差。大多数航道形状呈现“平面化”“直线化”，这种情况目前比较严重。人们在航道中乱扔垃圾、人为设置障碍、对航道用混凝土来衬托，完全改变了航道原来的形状和流向，影响了航道纯天然的断面形状，致使航道功能无法发挥出来。产业结构不够合理、污染处理不合格和对航道的使用率不科学，致使航道中的水资源逐年减少，最终导致城市河流失去了自净能力。鄢俊[34]认为草护坡具有控制土壤侵蚀、改善地下水及地表水质量、促进有机污染物的分解、改良土壤、加速土地恢复和散热降温以及有效减少波浪的冲刷等作用，还具有良好的经济效益、社会效益和生态效益。种草是用草种直接绿化覆盖表土进行坡面防护的方法，其播种量和播种方式应根据草种种类、草的生长速度和要求最短成坪时间等方面确定。种草施工简单方便、成本低、劳动强度小、施工速度快。植草护坡与某些生态护岸结合，可以改善生态环境，同时也增加了社会绿化面积的总量，达到保持水土、减少水土流失的目的。徐大建[35]认为就目前的实际情况来看，生态护岸技术在我国已经得到了初步发展，由于此项技术对保护环境具有非常重要的现实意义和价值，因此各界对于这项新技术的关注和重视程度也在不断提升。在良好外部环境的积极推动下，生态护岸技术和手段正表现出多样化的发展趋势，并且随着技术水平的提升和工作实践经验的积累不断走向成熟。

基于以上研究，许多学者对于长江航道的生态航道建设与环境保护开展了具体工作。曹民雄等[36]为探索长江生态航道的建设，依托长江南京以下 12.5 m 深水航道建设工程，针对工程河段生态环境特点及保护需求，研发了多种生态型整治建筑物结构，在工程受影响区域，探索人工鱼巢、生态浮床等生态修复尝试。杨芳丽等[37]针对长江中游航道整治与水生生态环境之间的矛盾，考虑航道自然条件，包括周边环境、河床形态、泥沙、水流、水深、气候，以及船型、船舶密度等因素，从适应性、耐久性、经济性、生态美观以及维护管理等角度出发，将生态理念引入到航道整治中，将工程措施与生物措施相结合，并采用生态系统自我修复和人工辅助相结合的技术手段，选择了符合环保要求的材料和工艺；并介绍了各种技术手段在长江中游若干河段航道整治中的实际运用情况，可为类似航道整治工程中生态技术的研究与运用提供借鉴。冯敏[38]在全面分析了长江航道船舶污染的情况下，探讨了影响长江航道水质的因子，并运用统计方法得到航运对航道水质的污染关系式，为长江航道污染防治以及环境保护提供了有力的依据。

通过以上分析可以看出，目前国内对于生态航道的技术研究已较为广泛，一些研究成果已经在实际航道工程中进行了应用，同时对长江航道的生态建设以及水质影响评价也有相关的研究基础。但对于生态航道技术与航道环境保护管理相联系的理论及机制研究还较为薄弱，这也是新时期长江航道环境保护工作的研究方向与趋势。

2.2.3 国内航道环境风险控制与管理研究现状分析

航道环境风险的防控研究较生态航道与环境保护的研究晚，但随着我国航运的飞速发展，对航道环境风险的重视程度日益增加，环境风险的评估与防控研究也逐步受到关注，为此，国内学者开展了大量的研究工作。

我国跨区域环境管理方面的研究目前尚无系统独立的体系，但在区域公共管理方法论方面的研究已进入起步阶段，国家社科基金研究项目、教育部社科研究项目及许多省市高校项目指南都设立了“区域公共管理研究”选题，仅 2008 年的国家社科基金立项，就涉及区域公共物品治理、区域公共管理制度创新、区域政府公共管理职能的变革、区域公共管理视野下的行政区划问题、区域公共管理系统分析、区域公共管理的多元主体协调等方面项目。杨莉等[39]提出进行区际环境协作、加强区际环境调控，为实现区际生态环境补偿，解决区域环境问题提供了理论指导；对减小区际环境影响和环境贸易逆差、改善资源型城市生态环境以及构建健康和谐的区际生态环境关系等若干问题提出了对策建议。但是，我国在跨区域环境管理的国际比较研究方向上，对国外跨区域环境管理的理论研究和实践经验的借鉴尚关注不够。其中，万薇[40]在总结国外已有区域环境管理经验的基础上讨论了区域环境管理的关键因素与制度安排，结合中国在区域环境管理与合作实践中存在的问题分析其受制条件，提出了构建区域环境管理与合作机制的几点思考。朱玲等[41]研究了美国国内的跨区域大气环境监管体系，在此基础上，结合我国目前的跨区域大气环境监管体系，从机构设置、职能职责、运作方式等方面分析了两国不同国情情况下的环境监管体系，阐述了我国目前存在的不足和有待进一步完善的方面，最终从机构设置、职能职权、人员素质、审查机构等方面提出了改善我国跨区域大气环境监管机制的几点建议。

随着近些年来地方政府间横向关系的蓬勃发展，越来越多的学者进行了地方政府间关系协调、地方政府间合作、地方政府间竞争以及长三角、珠三角、环渤海区域合作等问题研究，已有若干篇论文围绕“流域水污染网络治理机制”“珠江流域公共治理中的政府间关系协调”“流域污染治理机制”“流域治理制度框架”“流域治理中的政府间环境协作机制”“流域治理模式”等方面问题进行研究。发表的论文中针对个案的分析不在少数，如周海炜和张阳[42]的《长江三角洲区域跨界水污染治理的多层协商策略》、王雯霏[43]的《论长三角一体化进程中区域政府合作机制的构建》。施祖麟和毕亮亮[44]提出保持以条块结合的政府层级结构基础上的管理体制，通过机构、机制、法规等综合性改革来协调当前管理体制中流域及区域中不同部门、不同层级间的矛盾。直接针对跨区域、跨行业协调联动机制问题展开流域治理的研究，有《风物长宜放眼量——长三角区域环境合作展望》[45]、《跨区域环境治理与地方政府合作机制研究》[46]等。在区域政策研究方面，汪小勇等[47]采用多准则决策分析之一的消元法对我国跨国界、省界、市界和跨流域4个不同层面的单边和多边跨界环境管理条约进行评估和比较。在强制执行力、实施能力、争端解决机制等方面分析指出我国跨界水环境条约存在的问题。在涉及协作合同的管理和完善方面，赵建林[48]提出环境保护内部行政合同的理论基础和规范基础、法律性质等，说明环境保护内部行政合同的重要作用。

探寻合作中问题的根源，主要表现在府际关系冲突研究方面，其从博弈分析的角度结合实例，对改善政策的信息进行组织和机构化，选取最佳策略，相关的论文有《官厅水库跨区域水质改善政策的冲突分析》[49]、《跨区域环境治理中地方政府间的博弈分析》[50]、《跨行政区流域水污染治理的政策博弈及启示》[51]、《基于共容利益理论的流域水污染府际合作治理探讨》[52]、《共谋效应：跨界流域水污染治理机制的实地研究——以“SJ边界环保联席会议”为例》[53]等，谈及根据政策博弈模型构建在流域治理中的合作行为时提出，需要进一步完善中央政府和地方政府的职能，加强对地方政府的监管，减少信息不对称，推动公众环境参与和提高环境法治执行力。

突发环境事件的评估是航道环境突发事件风险研究的前提与基础。赵洪举等[54]为提高突发事件综合评估效率，简化评估流程，提出了突发事件快速评估模型，以便于及时、准确地把握突发事件的态势。江田汉等[55]根据《中华人民共和国突发事件应对法》和我国应急管理体系“一案三制”的基本框架，选择反映突发事件应急准备能力的定性与定量指标，提出了突发事件应急准备能力评估方法。沈基来和桑凌志[56]则采用层次分析法，将水上突发事件造成的影响从人员、财产、环境三个方面综合考虑，判断各个层级的权重，最后评估突发事件预警的等级。而在航道突发事件中，从风险对象来看，风险评估又可具体分为航标的风险评估和船舶的风险评估。在航标的风险评估中，贾世耀[57]就影响（包含港口、航道在内的）海上航标的风险因素以及定期评估的方法和效果等方面做了系统的阐述。王英志等[58]对航标的风险进行了分类，提出了航标技术风险定量评估的方法。王朝东和陈义涛[59]介绍了关于沿海航标的风险评估方法，定性提出具体的实施方案来确保航标的服务质量。徐传伟[60]以大连航标处技术实施为航标技术风险评估实例，通过灰色关联分析、模糊神经网络、模糊综合评判3种定量评估方法对航标技术风险的影响因素加以量化研究。而贡鹭等[61]采用定性分析与定量计算相结合的方法，对影响航标管理和维护能力的因素进行了研究，并建立了航标管理与维护能力评估体系。

此外，一些学者还对长江航道的环境风险与应急管理开展了研究工作。曹玮[62]以长江下游航段为研究背景，研究了水上突发事件的国内外现状及相关理论研究基础，定义了航道突发事件；根据统计的长江下游航道自然条件、航道近期演变情况及航道维护特点，总结了长江下游航段自然条件复杂、航道易淤浅、航道维护难度大等特点；根据长江下游航道环境以及下游航道突发事件的特点，依据应急和风险管理理论，结合航道维护硬件设备和软件设备的调研结果，对靠泊基地和配套设备进行了优化设计，具体提出了优化靠泊基地布局方案，航标船、测量船的配备数量和性能要求，并结合现有科技航道平台功能提出了发展建议；基于危机管理和风险管理理论，提出了长江下游航道突发事件应急处置原则，制定了长江下游航道四类突发事件信息传递、处置流程和处置方法；从消除延伸影响、保障航道安全畅通、维护航道部门形象等角度出发，为了妥善处理好突发事件后续工作，分析制定了事后六项工作。此项研究为长江航道环境保护与管理纳入环境风险与应急控制内容奠定了基础。高波[63]从环境风险系统工程的角度出发，以长江重庆段通航环境的环境风险评价作为探讨的主题，从通航环境影响因素分析着手，利用定性和定量相结合的系统分析方法，结合近 8 年该水域发生的水上交通事故分析，参考大量的有关文献，借鉴其他学者的相关成果，在调查、问询、与船舶实际操纵人员座谈的基础上，分析拟定了各评价因素的指标评价标准；运用模糊数学中模糊综合评价方法，选用符合其变化的形函数，经不断修正，建立其隶属度函数；采用二元有序比较法结合调查，计算出各个因素的权重值，模糊算子采用了加权平均法计算。综合以上分析，建立了模糊综合评价数学模型，提出了改善长江干线重庆段通航环境安全状况的建议与措施。此项研究有助于长江航道环境风险管理、航道疏浚、水运企业生产中的科学决策，同时也为研究其他航道环境风险的防控提供了一种较好的评价模式，具有一定的实用意义。

2.2.4　淮河流域环境治理案例分析

2.2.4.1　*淮河流域水污染状况*

淮河流域地处我国东部，流经河南、安徽、江苏三省，发源于河南省桐柏山，大体为自西向东流，在江苏省中部注入洪泽湖，经调蓄后主流入江水道至扬州江都区三江营注入长江，全长 1 000 km。20 世纪 90 年代，随着淮河流域社会经济的迅速发展，水污染日益加剧。总体上，淮河水系为轻度污染，其中干流水质良好，支流为中度污染，主要一级支流中，史灌河、潢河水质为优，西淝河、濉河水质良好，洪河、沱河和浍河为轻度污染，涡河、颍河为重度污染，主要污染指标为高锰酸盐指数、五日生化需氧量和氨氮。1992 年年底，淮河流域共发生水污染事故 160 多起，沿岸许多城市和大量工业污废水排放严重，1994 年的特大污染事故形成了约 70 km长的污染带，沿河各自来水厂被迫停止供水达 54 d，之后共投入 600 亿元以治理污染。

2.2.4.2 淮河流域水污染成因

淮河流域水污染的原因主要有以下几个方面：

（1）粗放型经济增长方式尚未得到根本性转变。“十一五”期间，淮河流域调整工业结构，改善造纸、化工等行业排污绩效，但产业结构并未得到根本性改变，排污总量依然较高。20 世纪 80 年代，工艺设备落后的造纸厂、化工厂和电镀厂等工业企业发展较快，化学需氧量（COD）排放量超过 $100×10^4$ t/a，大量高浓度废水直接排入淮河。90 年代末经阶段性治理后，水质有所好转，但部分企业因资金、技术和生产工艺等的限制，超标排放、偷排污染物等使水质不断恶化。

（2）污水排放量高，城镇环境基础设施建设缓慢。随着城市化的加快，生活污水排放量急剧上升，2002 年，城市生活污水排放量占污水总量的 63.6%。城市环境基础设施薄弱，污水得不到有效处理。2005 年，淮河流域建成城镇污水处理厂 76 座，污水处理规模 $410×10^4$ t/d，城镇污水处理率不足 50%，已建部分污水厂因管网不配套等不能正常发挥作用。

（3）淮河流域环境监测、预警和环境执法能力薄弱，一些地区有法不依、执法不严、违法不究，环境违法处罚力度不够。

2.2.4.3 淮河流域水污染防治措施

（1）水污染防治管理体系和政策手段。淮河流域水污染防治管理体系由行政主管部门、参与部门、建设部门、综合部门和流域管理机构组成。现有管制手段有：①建立《安徽省淮河流域水污染防治条例》等地方水污染防治政策法规；②实施国务院颁布的针对淮河流域水污染防治条例《淮河流域水污染防治暂行条例》；③推行流域污染控制联防制度；④执行关停“十五小”政策；⑤开展达标排放和“零点”行动；⑥加快城市污水处理厂建设；⑦对用水采取取水许可管理；⑧推广节水管理，促进节约用水。市场经济手段有：①严格实施排污收费制度；②逐步提高水价；③开征污水处理费；④利用经济结构调整改善水环境。

（2）严格控制工业污染源，有效削减排污总量。通过加大工业结构调整力度、限制污染源排污和促进工业企业污染深度治理来减轻淮河及其支流的水污染。按照国家产业政策和《国务院办公厅关于加强淮河流域水污染防治工作的通知》（国办发〔2004193〕号）的要求，严格控制限制类工业和产品，禁止转移或引进重污染项目，鼓励发展低污染、无污染、节水和资源综合利用项目。

（3）全面治理农业污染。在控制污染物总量的基础上，实施面源污染控制。治理畜禽养殖污染，严格控制养殖规模，鼓励由散养向规模化养殖转化的养殖方式；发展生态农业、有机农业，调整农产品种植结构，推广测土配方施肥等科学技术，合理施用化肥、农药，进行农村环境综合整治规划；建设生态湖滨带等修复工程，对主要河流、湖泊进行综合治理，逐步恢复生态功能。

2.2.5 松花江环境治理案例分析

2.2.5.1 松花江水污染状况

松花江是我国七大水系之一。南源第二松花江发源于长白山天池，北源嫩江发源于黑龙江伊勒呼里山南麓，二者在扶余市三岔河附近汇合形成松花江干流，最后汇入黑龙江。松花江自长白山天池至河口全长 1 927 km，流域内水系发达。多年来，松花江干支流两岸工业废水和生活污水的大量排入，农业面源污染和生态环境的破坏致使松花江污染不断加重。水系总体为轻度污染，其中干流为轻度污染，支流为中度污染，42 个地表水国控监测断面中，Ⅰ—Ⅲ类、Ⅳ类、Ⅴ类和劣Ⅴ类水质的断面比例分别为 40.5%、47.6%、2.4%和 9.5%。主要污染物为高锰酸盐、石油类和五日生化需氧量。

2.2.5.2 流域水污染原因

松花江流域水污染的原因主要有以下几个方面。

（1）工业污染严重。松花江是黑龙江省工业集中地，石油化工、制药、食品酿造、冶金、造纸等行业排放的工业废水量约占流域内废水总量的 40%，并呈不断增长的趋势。部分工业企业设备陈旧、工艺落后、原材料和水资源利用率低、污染治理和应急设施欠账多，污染治理任务艰巨。2005 年 11 月发生的松花江重大环境污染事件也表明，必须加强工业污染防治和强化环境监督管理。

（2）市污水处理率低。流域内污水处理设施建设严重滞后，2004 年年底仅有城市污水处理厂 14 座，处理能力 156.9×10^4 t/d，实际处理量 69.9×10^4 t/d，全流域城镇污水处理率不到 15%。哈尔滨、长春、大庆和牡丹江等人口 50 万以上的大城市污水处理率不到 40%，大量未经处理的城市污水成为松花江水污染的重要来源。2005 年，松花江流域年产生活垃圾约 530×10^4 t，而一些中小城市未建垃圾处理设施，未经处理的垃圾直接倾倒于河内，也对水体造成严重危害。

（3）农业面源污染影响较大。松花江流域中下游是国家商粮基地，共有耕地面积 5 839 万亩[①]，化肥年施用量约 203.8×10^4 t，平均化肥施用量为 523.5 g/m^2，远高于全国平均水平（277.5 g/m^2）和世界平均水平（9.4 g/m^2）。另外，农田退水汇入河流，加剧了流域水污染。

（4）环境监测和环保执法监管能力不足。流域环境监测、预警、应急处置和环

① 亩为非法定计量单位，1 亩≈666.7 m^2。

境执法能力薄弱，部分地区有法不依、执法不严，环境违法处罚力度不够。

2.2.5.3 松花江水污染防治措施

（1）实施污染防治行动计划，成立流域污染防治督查机构。实施松花江流域污染防治行动计划，相关部门积极配合，从不同方面加强排污口和松花江水质监测力度。2007年，松花江流域污染防治督察机构成立，主要任务是承担松花江流域污染防治工作领导小组办公室的日常工作；组织实施《松花江流域水污染防治规划（2006—2010年）》，协调督办项目落实；对松花江流域重大环境污染与生态破坏案件实施应急响应与处理的督查，对跨省市区域和流域的重大环境纠纷进行协调处理；开展松花江流域污染防治环境保护执法检查，对执行国家环境政策、法规、标准情况进行监督；组织实施松花江流域水污染减排计划，对流域内重点工业污染源和城市污水处理厂进行在线监控；为小流域污染防治工作提供技术支持和指导。

（2）强化工业污染防治，加快城市基础设施建设。加强污染源控制，削减优先污染物的排放量。限期治理吉化公司等重点工业污染源，将COD削减作为主要目标。2007年以来，吉林省环保厅未批准向松花江流域排放汞、六价铬等有毒有害物质的建设项目及不符合国家产业政策要求的玉米深加工项目和高耗能高污染项目。调整并优化产业结构，淘汰落后的生产工艺、设备和企业，相继淘汰落后装置96套及染料厂盐酸工艺设备、电石厂有机硅工艺设备等29套；黑龙江省取缔、关闭排放不达标的年产 1×10^4 t以下的纸厂124家，污水排放量每年减少 $1\ 354\times10^4$ t，下降70%，COD排放量每年减少4 500 t。

（3）加强饮用水源地保护监管及生态环境建设。2006年，依法划定了松花江流域水源地保护区范围，加强农村饮用水源地污染防治监管。健全饮用水源水环境监控制度，定期发布水质监测信息；取缔水源保护区内的直接排污口；以水源地污染综合整治为重点，大力实施排污截源。建城市垃圾处理项目24项，总投资21.74亿元，2015年，新建和扩建一批处理工程。建设主要内容为大兴安岭地区嫩江源头保护天然林和水源头的生态功能保护区项目；在呼兰河、汤旺河源头区建设生态功能保护区；对洪水多发区的泡沼、湿地开展生态功能保护区建设；对松嫩平原加强生态示范区建设，退耕还林、退耕还草、退耕还水，保护和恢复自然植被。2015年，完成生态环境建设项目69项，投资80.30亿元，其中水土保持、退耕还草、还林和防护林建设项目23项，小流域环境综合开发项目20项，自然保护区项目13项，城市生态建设项目3项。

2.3 国内外研究趋势分析

根据2.1节和2.2节可知，国外对于航道的环境保护与管理已开展了大量的工作，在环境保护管理模式、环境保护对策措施、环境风险管理与控制等方面，均已形成了较为统一的认知——对于航道的环境保护应根据国家整体政策出发，结合流域特点、水体功能、环境质量等要素进行统一环境保护工作。目前，在绿色低碳发展的全球化背景下，研究制定更为绿色、低碳、智能化的环境保护与管理机制已经成为各个国家研究的主要趋势，这些工作都为我国新时期长江航道环境保护工作总体战略研究指明了方向，形成了良好的研究基础。国内对于航道环境保护的研究已开展了大量的研究工作，在环境保护机制、生态航道建设、通航环境风险管控等方面，取得了一定的研究成果，特别是长江航道的生态环境保护与管理，已具备了一定的研究基础。从国内河流治理实例来看，污染防治主要在生态敏感区域保护、流域入河排污源头治理、生态航道技术等方面开展。目前，基于国家长江大保护、长江经济带生态环境保护规划等一系列政策的出台，对于长江航道的生态保护提出了更高的要求，以往的长江航道环境保护模式与规划已不能满足新时期的要求，对于这方面的研究也存在空白。因此，有必要根据新时期国家环保要求，开展长江航道环境保护工作总体战略研究，从宏观层面指出长江航道环境保护工作的重点与目标，为实现长江经济带的发展及整体生态环境保护提供战略依据。

第3章　长江航道生态环境及环境保护管理现状研究

3.1　长江航道生态环境现状分析

3.1.1　水运现状分析

3.1.1.1　航道现状

长江干线航道中的宜昌段以上为长江上游，宜昌至湖口河段为长江中游，湖口段以下为长江下游。长江流域不同区域的气象、水文、地貌特征以及河道特性等方面差别较大，长江干线各航段滩险碍航特性各不相同，通航条件有较大差异。

长江上游水富至宜昌河段，长约1 074 km，属山区河流航道。流经峡谷、丘陵和阶地间，平面形态复杂，急、弯、卡口多，两岸岩石褶皱断裂较剧烈，易发生岩石崩塌或滑坡，水位涨落幅度大，水流湍急，江中明暗礁石林立、水流流态差、险滩密布，航道急、弯、浅、险并存，航行条件差。其中，水富至宜宾30 km航道未经系统治理，枯水期仅能通航300吨级船舶。宜宾至重庆384 km航道，经过整治已达三级航道标准，枯水期可通航1 000吨级船舶及其组成的船队。重庆至三峡大坝622 km为三峡库区航道，通航条件优良，可通航3 000吨级船舶。三峡大坝至葛洲坝（两坝间）38 km呈现“水库”与“天然河道”的双重特性，可通航3 000吨级船舶。

长江中游宜昌至湖口河段，长约900 km，属平原河流，两岸地势平坦，河道蜿蜒曲折，比降变小、水流平缓，河床摆动幅度较大，多砂质浅滩，河道演变剧烈，因航道不稳定而碍航。该河段局部河段主流摆动频繁，滩槽演变剧烈，有近20处碍航浅滩，历来是长江防洪的重要险段和航道建设、维护的重点与难点，一系列重点浅滩河段航道整治工程的陆续实施使中游通航环境不断改善，枯水期通航紧张局面明显缓解。但三峡水库运行后，清水下泄又进一步加剧了中游河势及航道变化的复杂程度。目前，宜昌至武汉624 km航道，可通航2 000~5 000吨级内河船舶组成的船队；武汉至湖口276 km航道，可通航5 000吨级海船。

长江下游湖口至长江口河段，长约864 km，流经平原地区，两岸地势平坦，河道宽浅相间，沿岸有堤防保护，为多分汊河型，水流平缓，河道开阔，航行条件较为优越。目前，湖口至南京432 km航道，可通航5 000吨级至万吨级海船；南京至南通段289 km航道水深已经达到10.5 m，可通航3万吨级海船；南通至长江口段航道水深达到12.5 m，可全天候双向通航5万吨级海船，长江下游海轮进江问题初步解决。

为充分利用航道自然水深，增加船舶载货量，提高运输效益，从2007年开始，航道管理部门根据水位季节性变化情况，按月向社会发布长江干线宜宾至浏河口段航道计划维护水深，提高中洪水期航道维护标准。从2010年开始，进一步按周向社会发布重点航段的航道实际维护尺度。与此同时，还实施了海轮航道"双延"工作，在通航时间上，延长了海轮航道的通航期，武汉以下海轮航道提前至4月开放，延迟至11月关闭；在通航范围上，将海轮航道上延至湖南城陵矶，结束了长江中游不通航海轮的历史，为海轮直达内陆腹地提供了强有力的基础保障。2015年长江干线航道维护尺度标准见表3-1。

表3-1　长江干线航道维护尺度标准（2015年）

河段	里程（km）	最小维护标准尺度（水深×航宽×弯曲半径）（m）	保证率（%）
宜宾—重庆	384.0	2.7×50×560	98
重庆—涪陵	112.4	3.5×100×800	98
涪陵—宜昌	547.6	4.5×150×1 000	98
葛洲坝三江航道	—	4.0×100×1 000	98
宜昌—下临江坪	28.0	4.5×100×750（试运行）	98
下临江坪—城陵矶	368.0	3.5×100×750（试运行）	98
城陵矶—武汉	227.5	3.7×150×1 000（试运行）	98
武汉—安庆	402.5	4.5×200×1 050（试运行）	98
安庆—芜湖	204.7	6.0×200×1 050	98
芜湖—南京	101.3	9.0×500×1 050	98
南京—南通	227.0	10.5×500×1 050	—
南通—太仓	56.0	12.5×500×1 050（试运行）	—
太仓—长江口	168.0	12.5×500×1 050	—
长江口主航道	125.0	12.5×350×460	—
长江口南槽航道	86.0	5.5×（250~1 000）	—
长江口北港航道	90.0	自然水深6~10	—

3.1.1.2 长江干线航道发展成效

航道基础设施建设成效显著，成为服务流域经济发展的重要支撑。国家先后投资实施了长江口及南京以下 12.5 m 深水航道建设、中游荆江河段航道整治、上游泸渝段航道整治等 50 多项航道治理工程，开展了三峡和葛洲坝枢纽两坝间航道整治并完善通航配套设施，各河段航道水深较 2003 年提高 0.5~1.1 m，2011 年年底全部达到国家高等级航道标准，干线航道通航条件实现了从“瓶颈制约”“基本缓解”“初步适应”到“基本适应”的重大跃升。航道条件的改善、通过能力的提升，适应并带动了沿江大宗运输的快速发展，促进沿江布局亿吨大港 14 个和万吨级以上泊位 397 个。2015 年，长江干线规模以上港口共完成货物吞吐量 22.7×10^{8} t，完成沿江地区 85%的电煤、83%的铁矿石和 90%的外贸物资运输任务。沿江产业布局进一步优化，长江航运对经济的拉动作用达 1∶38，促进长江航运年直接产生地区生产总值（GDP）达 1 200 亿元，间接带动 GDP 逾 2 万亿元，拉动沿江省市 GDP 保持年均两位数增长，带动间接就业逾千万人，在流域经济发展中发挥了重要支撑作用。

航道公共服务能力整体提升，成为现代化长江水运的重要力量。在加快航道治理的基础上，从 2007 年开始，先后 30 多次分时分段提高了长江干线航道实际维护尺度，有力缓解长江干线航道“战枯水”压力；长江下游北支、太平洲捷水道、乌江、太平府、裕溪口、铜陵东港和安庆南等多个支汊航道开通为国家公用航道，标志着长江支汊航道正式接入干线“主动脉”，成为干线航道的重要组成部分。航道计划维护水深实现了分月发布，其中重点航段实现了按周发布，航标异动实现实时发布，实测水位信息实现每天发布，预测水位信息滚动 7 d 发布。建立了门户网站、船舶终端、长江航道在线、长航广播电台、航行参考图、软件接口和航道基础数据等多途径航道信息服务体系，累计发布航标信息 4.9 万条、水位信息 240 万条、航道维护尺度信息 2.2 万条。长江航道支持保障设施布局更加合理，功能更加完善，航道维护船舶基本实现标准化配置，提高了航道养护的标准化、专业化、技术化水平，航道公共服务品质大幅度提升，很好地服务沿江货运和人民群众安全便捷出行，促进了船舶标准化、大型化、智能化发展，淘汰一大批老旧高耗能船舶，新型智能船舶的比重明显上升，为沿江船公司、港航企业充分利用航道水深等资源创造了必要条件。长江水运现代化步伐明显加快，沟通东西、辐射南北、水陆互通等优势得到充分发挥，干线航道年货运量由 2003 年约 4.0×10^{8} t 增长到 2015 年的 21.8×10^{8} t，年均增长速度高达 12%，每投入 1 元，长江航运能形成 3.5 t/km 周转量，是铁路的 2 倍，公路的 6 倍。“十二五”末，长江水运货运量和货物周转量分别占沿江全社会货运量的 20%和货运周转量的 60%，水运在流域综合交通中的短板得到快速弥补，在长江水运转型发展中发挥了重要的推动作用。

航道绿色发展释放“生态红利”，成为区域环境协调发展的重要内容。绿色是水运的内在属性，大运量、长距离的长江水运给沿江经济社会发展产生了极大的“生态红利”，是全面建成小康社会不可多得的战略资源。长江航道在长江流域综合开发总体框架下，兼顾长江水资源利用的全面性、协调性和可持续性，充分利用三峡等水利枢纽运行对航道资源开发产生的有利条件，主动开发利用航道资源，充分发挥水运运量大、成本低、能耗小、占地少、污染轻的绿色生态比较优势，承担沿江煤矿、粮油等大宗物资运输和集装箱运输，转移沿江地区公路等其他运输方式运量。随着长江航道的尺度不断提升，沿江七省二市内河货船平均吨位从2000年的115净载重吨/艘增长到2015年的1 051净载重吨/艘，年均增长15.9%，干线船舶的单位能耗降低20%；公路、铁路、长江干线产生单位运输周转量所需占地比是167∶13∶1;公路、铁路、长江干线每千吨公里运输周转量能耗比是14∶2∶1；长江航运污染物单位排放量是公路的1/15、铁路的1/1.2，有效缓解了土地、能源和环境压力，有力地发挥了水资源的综合效益。长江航道发展的关键环节融入生态优先、绿色发展的理念，并对生态修复技术进行研发与推广，在内河航道发展中起到了引领示范作用。

航道创新发展实现重大突破，成为全国内河航道科技进步的重要引擎。首次建立了航道领域的国家内河航道整治工程技术研究中心、长江航运技术行业研发中心等国家级、省部级重点创新平台，并以这些平台为依托，使传统的航道整治领域研究日趋成熟，新兴的航道信息化和生态领域研究发展迅速，产生了以长河段相互联动卵石滩险整治技术、航道洲滩守护技术、多功能电子航道图系统、航道助导航系统智能化技术等为代表的一大批优秀科技创新成果，航道的创新发展已经形成了基本完善的长江航道科研理论体系。这些优秀的成果具有广阔的应用前景，不仅在长江航道的建设、管理、养护中得到了充分且广泛的应用，有力地推动了近年来大规模的航道工程的实施，大大地促进了长江航道的转型升级发展，还被推广到其他河流以及应用于水利、堤防、水电、港口等众多领域。仅“十二五”期间，组织修订国家及行业技术标准规范9部，编制工法20部，形成省部级优秀技术成果39项；长江电子航道图首次全线贯通，建设了我国首条内河数字航道，建成数字航道397.5 km，长江航道正在经历由传统的人工管理向数字化服务转型，航道公共服务网络化步伐明显加快，在我国内河航道科技进步中发挥了重要先行引领作用。

3.1.1.3　水运量现状

长江干线运量由快速增长向平稳较快增长转变。2015年，长江干线水运量达21.8×10^8 t，增速较前些年有所放缓，但仍保持了年均7.7%的较高速增长。从构成来看，江海运输占绝对主导，运输范围逐步向中游拓展。近年来，沿江产业布局进一步加快，铁矿石、煤炭、原油等大宗物资和集装箱运输需求增长迅速。同时，长江口深水航道治理及其向上延伸工程的实施，显著改善了长江口的航道条件，长江干线江海直达运输异常繁荣。2015 年，长江干线江海直达量完成 12.5×10^8 t；2005 年以来，年均增速在 9%左右，占水运量的比重一直保持在 60%左右。“海进江”占江海运输的 78.7%，较 2005 年提升了 7 个百分点。从“海进江”运输范围来看，南京以下港口占比高达 95%，但近年逐步向中游拓展。2005 年以来，武汉—九江段“海进江”年均增长超过 20%，远超全河段平均增速。

从区域分布来看，货流密集带集中在下游地区，中上游水运量发展速度较快。长江干线上、中、下游运量分别为 1.3×10^8 t、3.8×10^8 t 和 16.7×10^8 t，比重约为 1∶3∶13，安庆以下区段货流密度是中上游各区段的 5 倍多，而随着长江中上游地区沿江经济快速发展和航道条件的逐步改善，中上游水运量会快速发展。

3.1.2 长江航道水文现状

3.1.2.1 水富至重庆

水富至宜宾段：水富至宜宾河段位于金沙江下游，全长 30 km。河段上游 3 km 已建向家坝水利枢纽，下游端为与岷江汇合的宜宾合江门。该河段流经川西南低山丘陵区，江面宽 200~300 m。河段落差大、坡降陡、洪枯水位变幅大，具有典型的山区河流特征。

宜宾至重庆段：该河段属典型的山区河流，水流条件也较为复杂，水流流速较大，一些枯水期急流河段流速大部分在 3.0 m/s 以上，个别河段的水流流速达 4.0 m/s以上。河床大多由基岩、卵石或卵石夹沙组成，河道洪、枯水河面宽度相差较大，洪水河宽 500~1 000 m，枯水河宽约 300~400 m；宽阔段常形成江心洲，中洪水时形成分汊河段。

3.1.2.2 宜昌至武汉

宜昌至武汉段全长约 624 km，河段内自上而下有 64 个水道。本河段的径流和泥沙主要来自宜昌以上。宜昌至城陵矶河段有清江、沮漳河入汇，并有松滋、太平、藕池、调弦四口（调弦口已于 1959 年封堵）从长江干流分泄江水入洞庭湖。由于葛洲坝水利枢纽和三峡水库的兴建，进而受干流河床冲刷下切、同流量下水位下降，三口分流道河床淤积，以及三口口门段河势调整等因素影响，荆江三口分流分沙能力一直处于衰减。三峡工程蓄水以来，三口分流比为 12%、分沙比为 19%。城陵矶至武汉河段有洞庭湖四水、陆水、内荆河、东荆河和汉江入汇。

近年来，在上游来沙减少和三峡水库蓄水拦沙作用下，中下游来沙明显减小。2003—2012 年，三峡水库年入库泥沙较多年均值偏少 55%以上，水库拦截了上游 75%的来沙，宜昌、监利、螺山在 2003—2012 年的年均沙量分别为 0.482×10^8 t、0.836×10^8 t 和 0.946×10^8 t，分别较蓄水前减小了 90%、76%和 76%，使得坝下游河道冲刷明显加剧。蓄水以后，坝下游各水文站自上而下年输沙量逐渐增加。

3.1.2.3　武汉至安庆

武汉至安庆段全长约402.5 km，总体上以分汊河型为主，河道平面形态呈宽窄相间的藕节形。河段进口有汉江入汇，中段有鄱阳湖入汇。本河段除黄石—武穴段基本为单一微弯河段外，其余河段均为分汊河型，河道宽窄相间，呈藕节状。河段河道宽阔，流路曲折，洲滩众多。大大小小的江心洲有20多个，少数有人定居，如天兴洲、张家洲、骨牌洲等，其他均无人定居。部分洲上种有意杨林或油菜或小麦，还有部分沙洲，由于高程低，受江水淹没时间长或者洲体不稳定，鲜有人类活动。武汉至安庆河段位于长江中下游，其水沙主要来源于武汉（汉口水文站）以上长江干流，并于湖口接纳鄱阳湖修、赣、抚、信、饶五河。区间入汇支流左岸有倒水、举水、巴河、浠水、蕲水、华阳河、皖河，右岸有富水、鄱阳湖水系。除鄱阳湖湖口汇流外，区间入汇支流多年平均流量均在60 m^3/s 以下，故确定分析本河段水沙特征的主要依据站为长江中游汉口水文站和下游控制站大通水文站。

三峡水库蓄水后，2003—2014年，汉口、大通站水量偏枯6%～7%。2015年，汉口、大通站径流量分别为 $6\ 752\times10^8\ m^3$ 和 $9\ 139\times10^8\ m^3$，与蓄水前均值相比，汉口站偏少5%，大通站基本持平；与2003—2014年均值相比，汉口站基本持平，大通站偏多9%。三峡水库蓄水后，汉口、大通两站输沙量沿程减少幅度分别为67%和73%，且减幅沿程递减。2015年，汉口、大通站输沙量分别为 0.630×10^8 t、1.16×10^8 t，分别较蓄水前偏少84%和73%，较2003—2014年均值分别偏少42%和18%。总体上输沙降低幅度较大。

3.1.2.4　安庆至南京

安庆至南京段全长约306 km，有19个水道，流经平原地区，两岸地势平坦，沿岸有堤防保护，汇入的主要支流有南岸的青弋江、水阳江水系，太湖水系和北岸的巢湖水系，淮河部分水量通过淮河入江水道汇入长江。长江下游河段多为分汊河型，河道宽窄相间，水流平缓，航行条件优越。狭窄河段：一般是一岸或两岸有山丘或矶头控制，水深较深，河槽单一稳定；放宽河段：水流分散，沙洲淤张，形成分汊，有的多次分汊。大大小小的江心洲有20多个，大部分有人定居，如小紫洲、黑沙洲、陈家洲等，其他无人定居，部分洲上种有意杨林或油菜或小麦，还有部分沙洲，由于高程低，受江水淹没时间长或者洲体不稳定，鲜有人类活动。

安庆至芜湖段全长约204.7 km，为冲积性平原河流，平面形态以节点控制下的微弯分汊河型为主。该段右岸多为山地丘陵，左岸为冲积平原，河曲多向左岸充分发展，故河槽常变化，河道宽而浅，浅滩也主要分布在该段分汊段。

芜湖至南京段全长约101.3 km，属顺直藕节型分汊河段。该段河道宽阔，流路曲折，汊河发育，洲滩众多，主流摆动较为频繁，水深条件相对较好。近几十年来，由于护岸、围垦造地、节点控制工程等多种因素作用，主流摆动幅度有所减小，河势格局基本稳定。

3.1.2.5 南京至浏河口

南京至浏河口段全长约 312 km，水流平缓，河道开阔，航行条件较优越。以江阴（鹅鼻嘴）为界分为上、下两段，江阴以上长 190 km 的河道以分汊河形为主，河床形态为宽窄相间的藕节状，河床演变主要受径流控制，潮流影响较小；江阴以下 122 km 河道总体自上而下成喇叭形展宽，河床演变受径流和潮流共同作用，潮流影响较大。

南京至浏河口段共分布有大小洲滩 20 多个，大部分洲滩均为形态较为稳定的江心洲，且四周均有长江大堤和已有护岸工程守护，如八卦洲、世业洲、和畅洲、太平洲、落成洲、天星洲、双山岛（福姜沙）、民主沙、长青沙等，占地面积相对较大，属长期出露的江心岛屿，现已有人居住。另外有少量水下沙洲，形态不固定，随水文条件的变化而变化，仅在枯水期露出水面，如鳗鱼沙、双涧沙、通州沙、白茆沙等。其中，双涧沙所在河段水文情势复杂，既受上游径流的影响，又受长江口潮流上溯的影响，沙体占用水域面积较大且摆动频繁，串沟发育，整体处于微淤状态。

3.1.2.6 长江口

长江口受径流、潮流、风浪等多种动力因素的作用，河道冲淤多变。2000 多年以来，长江口总体河道演变表现为主流南偏、沙岛并岸、河宽缩窄、河口向东南方向延伸。自 17 世纪中叶以来，长江口河道由南北支一级分汊、两口入海的河势格局，先后经历了南北港、南北槽的形成，演变为目前三级分汊、四口入海的总体河势格局。1958 年以后经历了徐六泾节点的形成、白茆沙汊道段形成稳定的双分汊河道、七丫口段逐步形成又一节点以及北支大幅度淤积萎缩的变化。这一河势格局是长江巨大径流、潮流动力条件和上游来沙条件相互作用的结果。

2002—2007 年期间，长江口地区发生由淤积主导向侵蚀主导的转变，2007 年后，长江口海床侵蚀不断发展，到 2013 年明显加剧，侵蚀区面积达到 70%以上。以 -6.4 m 水深线为界，呈“近岸淤积，远岸侵蚀”的特征。2013 年受到三峡水库进一步蓄水拦沙和长江口外及苏北海岸带泥沙补充不足的共同影响，海床侵蚀进一步加剧，该界线显著向岸迁移。

3.1.3 长江航道生态现状

3.1.3.1 水富至宜昌

水富至宜昌江段河道狭窄，河流比降较大，水流湍急，滩潭交替，缓急相间，属于典型的峡谷激流生境，特异质的生态环境条件孕育了水生生物的多样性，建有长江上游珍稀、特有鱼类国家级自然保护区。上游江段鱼类的种类繁多，呈较为明显的季节性特征。上游鱼类多数是在江河或山溪的激流环境中栖息，摄食河底砾石或岩石上生长的生物，需氧量高，在流水环境中繁殖，鱼卵黏附于砾石上或在随水流长距离漂流过程中孵化。但是长江上游和金沙江下游水利设施的修建以及其他因素的影响改变了生态环境特征。目前，鱼类资源包括鱼类种类和数量与 20 世纪相比有所变化。

3. 1. 3. 2　宜昌至武汉

长江出三峡后经宜昌丘陵过渡到江汉平原的砂卵石河段。在湖南省北部城陵矶附近有洞庭湖注入，洞庭湖南纳湘、资、沅、澧四水，是长江最重要的调蓄湖泊。通江湖泊生境多样，区域鱼类资源丰富。枝江至城陵矶江段历史记录有鱼类 119 种。2016 年调查发现枝江段渔获物 24 种，荆江段 22 种，石首段 22 种，监利段 23 种，岳阳段 30 种。其他饵料生物均较丰富。浮游植物种类组成以硅藻门为主，浮游动物以原生动物和轮虫占优势，底栖动物以软体动物和节肢动物为优势种。

宜昌以下的砂卵石河段和平原河段河道平面位置摆动大，频繁发生自然裁弯、切滩，河势不甚稳定。近年来，依靠人工方式进行了河道整治并建立了防洪设施，自然变化情况得到改善。其中，天鹅洲地处中游下荆江河段，由于长江裁弯取直，形成总面积 70 km^2 的长江故道湿地。该区域洲滩纵横，滩涂湿地生境保留原始风貌，已经建立豚类保护区（保护区在长江干流上，长度为 89 km），保护区两岸交替有发育良好的浅滩，江心洲 4 个（水位不同，出露程度不同），江心洲合计占保护区长度的近 30%（枯水期），洲滩之间间隔最远约 20 km，是典型的江豚栖息地。同时，天鹅洲保护区上下游江段有“四大家鱼”的产卵场，在长江监利段建有监利段“四大家鱼”国家级水产种质资源保护区。上述自然保护区和水产种质资源保护区均已纳入湖北省生态保护红线。

3. 1. 3. 3　武汉至安庆

武汉至湖口江段坡降小，河道较顺直，宽窄相间，呈藕节状。江西境内九江附近有鄱阳湖注入，鄱阳湖汇集赣江、修水、鄱江（饶河）等河流，具有天然调蓄洪的功能。枯水期水位下降，湖面蜿蜒曲折的水道与长江连通，生境多样化特征明显。武汉—湖口沿江洲滩有湿生植物，是鲤、鲫等产粘性卵鱼类的产卵场所。湖广—罗湖洲河段历史分布有鱼类 84 种，2011—2012 年调查渔获物 18 种，其他饵料生物均较丰富，种类组成与城陵矶至武汉段类似。鲤鱼山水道所在的武穴江段历史有鱼类 111 种，2013 年现场调查到渔获物 62 种。2015 年，武汉至安庆江段共调查到鱼类 59 种，其中团风—黄石、武穴—湖口、彭泽—安庆 3 个江段分别调查到鱼类 39 种、

46种和41种。

长江武汉至安庆段珍稀保护动物有白鳍豚、江豚、中华鲟、白鲟和胭脂鱼。该江段江豚种群仍有一定规模，但呈现出片段化分布的趋势。鄱阳湖、湖口区域内有一定规模的江豚活动。整个江段均有中华鲟分布，但白鳍豚已难觅影踪。

3.1.3.4 安庆至南京

安庆至贵池江段历史上有鱼类94种，2013年渔获物调查发现31种。江心洲水道有鱼类15目31科109种。安庆水道、贵池水道的洲滩沿岸部分区域具备产黏性、沉性卵鱼类产卵所需的生态条件。根据2013年现场调查，新洲洲头右侧（安庆水道）、凤凰洲洲头和崇文洲（贵池水道）右侧后部等区域可为鳌、鲫、鰕虎鱼、寡鳞飘鱼、黄颡鱼等鱼类产卵提供所需的基质。

安庆至南京江段为冲积性平原河流。近几十年来，由于护岸、围垦造地、节点控制工程等，主流摆动幅度有所减小，河势格局已基本稳定。安庆水道、黑沙洲水道、土桥水道和江心洲水道航道整治工程所在江段是典型的复合型分汊型河段。地理位置显著特点是洲滩土层较厚，理化性能受污染程度轻。汛期淹没的广大水域里，水草及芦苇成为水生动物栖息和觅食的天然资源，是鱼类生长、繁殖、索饵的重要场所。安庆至南京江段内有安庆市长江江豚自然保护区、安徽铜陵淡水豚类自然保护区、南京豚类省级自然保护区、安庆段刀鲚和大胜关长吻鮠铜鱼国家级水产种质资源保护区。

3.1.3.5 南京至浏河口

长江江苏境内江面宽阔，洲滩众多，水流更平缓，没有大的支流汇集。两岸岸线长达810 km，江段通过沿江两岸支流，与全省大小190余个湖荡相通。由于河口环境具有海洋和淡水两种特性，鱼类群落组成非常复杂。该区域也是海洋生物营养物质的重要来源地。长江江苏南京至南通段历史记录鱼类有161种，近10年的调查结果显示，工程河段共有鱼类109种，2013年1—6月渔获物有30种，2014年2—7月有37种。长江江苏段底栖动物58种。崇明岛附近有底栖动物63种。珍稀保护水生野生动物有白鲟、白鳍豚，江豚、中华鲟、胭脂鱼、松江鲈、花鳗鲡等。白鲟、白鳍豚已经基本绝迹，中华鲟在该江段时有出现，胭脂鱼在该江段每年也有发现，但数量很少且比较分散。

南京至浏河口沿江一带开发较早，沿江防洪堤种植杉、松等树木。沿江河塘、洲滩及洼地生长有湿地水生植物，如芦苇、蒲草、茭白、慈菇、莲、水芹、水花生、浮萍等。在沿江未开发的滩地生长有荻、芦苇、多种蓼和苔草等。在沙洲洲头和旱地分布的草丛中，常见的有五节芒、小飞蓬、一年蓬、葎草、鸡矢藤等。洲滩浅水区域也是水生生物丰富的区域，部分产沉性卵或粘性卵的鱼类亦喜好在水草茂盛的浅水洲滩处产卵、索饵和栖息。

3.1.3.6　长江口

长江口水域鱼类有79种，隶属15目29科65属。历史上刀鲚、凤鲚、前颌间银鱼（面丈鱼）、安氏白虾（白虾）和中华绒螯蟹等构成了长江上海江段的五大渔汛。刀鲚、凤鲚近10年来产量急剧下降，2016年产量分别为2.2 t和22 t，个体小型化比例加大，出现资源衰退迹象。前颌间银鱼至20世纪90年代后已形不成鱼汛，至今未有恢复。上海市渔政部门自2005年起，每年连续放流中华绒螯蟹，2005—2016年蟹苗产量稳定。日本鳗鲡2010—2013年产量呈下降趋势，2014年产量又回升至7.14 t，但2015年和2016年呈现急剧下降趋势。安氏白虾近年产量有所下降。

长江口地区主要环境敏感区见表3-2，其中，九段沙国家级湿地自然保护区、长江口中华鲟自然保护区、上海崇明东滩湿地自然保护区和启东长江口北支湿地自然保护区是相应保护物种的重要繁殖、索饵或栖息场所。

表3-2　长江口地区主要环境敏感区

敏感区名称	保护区级别	功能
九段沙湿地自然保护区	国家级	河口型生态湿地系统、发育早期的河口沙洲
长江口中华鲟自然保护区	省级	保护中华鲟等珍稀鱼类
上海崇明东滩湿地自然保护区	国家级	湿地生态系统，保护珍稀鸟类
启东长江口北支湿地自然保护区	省级	典型河口湿地，保护中华鲟、白鹳等珍稀动物
重要生境	—	以长江口水域传统重要经济鱼类及渔业资源凤鲚、刀鲚、前颌间银鱼、日本鳗鲡、白虾、中华绒螯蟹等为代表，是其产卵场、索饵场和洄游通道
引用水源地	划定引用水源地	青草沙、陈行、东风西沙、太仓浪港、太仓浏河、长江海门6个水源地

3.2　长江航道生产活动影响环境的类型分析

3.2.1　长江航道生产活动环境影响类型分析

长江航道局负责长江干线航道的建设、运行、维护和管理工作，下设长江宜宾航道局、长江泸州航道局、长江重庆航道局、长江宜昌航道局、长江武汉航道局、长江南京航道局、长江口航道管理局、长江航道测量中心和长江航道规划设计研究院 9 个公益型事业单位。拥有各类人员总计 4 958 人（含社会化用工 693 人）。截至 2017 年 12 月 31 日，航道工作码头及航标维护基地 135 座，各类船舶 474 艘（其中机动船 286 艘，非机动船 188 艘），局、处办公及生产用房 470 处（面积 31.8×10^4 m^2）。

长江航道工程局有限责任公司（筹）通过市场化方式参与长江航道建设和疏浚维护工作，参与长江航道内部和重大公共应急工作，开展水运工程等市场化经营工作。拥有各类工作人员 3 236 人，码头及基地 21 座，各类船舶 185 艘（其中工程船舶 75 艘，辅助性船舶 110 艘），办公及生产用房 14 处（面积 0.028 km^2）。

在航道养护方面，生产活动主要包括航标维护、航道测量、航道疏浚、航道整治施工与维护、航道建设施工及机构运行等，年均航道维护工作量：完成航道测量 38 384 km^2，完成疏浚工程量 586×10^4 m^3，完成整治建筑物维修 27 处，维护航标 2 267 977座，航标维护正常率达 99.9%以上；信号台开班 6 422 班，揭示行轮 371 909艘次，信号揭示正常率 1 000‰。同时，还有航道整治建设任务：年完成投资 20 亿元。

分析航道维护生产及工程施工的作业流程、施工工艺及设施设备、废弃物等，航道生产活动对环境影响主要有以下 3 种类型。

3.2.1.1 水环境影响

包括办公、生产、生活场所及船舶所产生的固体废物、液体废物（生活污水、机械油污水）进入天然水体，以及疏浚施工对水环境的影响。与城市、农业和其他工业污染物相比，航道本身不产生污染物，航道间运行的船只排放的生活污水产生量相对很小，主要是石油类污染。石油类进入水体后，引起生物的积累作用，高积累性的有害物质通过食物链的生物浓缩和放大，危及较高营养级水平的生物。目前，长江航道由于船舶的大型化、正规化，加之国家将加大船舶污染物的治理，以石油类为特征污染物的船舶污染将有所降低。

3.2.1.2 大气环境影响

包括车辆、船舶、食堂等运行中产生的废气，以及船舶、航标等设备维修、油漆作业中产生的挥发性气体和废气进入大气。

3.2.1.3 土壤等其他影响

是指航标、船舶设备的电池、电瓶、电子元器件等物质使用和回收处置不当对土壤等产生的化学影响。

3.2.1.4 生态环境影响

1）航道建设对水生生物多样性完整性的累积影响

（1）水库枢纽的阻隔和生态流量的累积作用对生物多样性的累积影响较明显，

直接影响长江上游珍稀特有鱼类栖息环境，部分产卵生境丧失，不再具备白鲟的产卵条件，且降低群体的补充能力。

（2）三峡工程启用一段时间后，长江中下游会出现河势调整，但对中下游沿程的河道生态影响是缓慢的。中下游河段航道建设由于多数属于维护性守护工程，且没有大型水利设施，对洞庭湖、鄱阳湖等河流湖泊通道以及生境也不会造成影响。

（3）由于长江进入湖泊的水沙大量减少，水文情势发生变化，部分水体水环境承载能力减小，在一定程度上加剧了局部地区水质污染和水环境恶化，从而导致水质性缺水的范围和程度进一步增加。但总体上，航道整治不会对水位和泥沙状态造成较大的改变。

（4）疏浚抛泥、取沙疏浚、水下爆破、导堤建设等施工行为对水生生物的伤害和局部水生生态的影响是存在的，对各边滩、心滩河滨生物带的生物多样性也会造成一定影响。临时性影响可以通过防护措施有效减缓，尚不至于对生物的累积性造成不利影响。相对整个流域，航道整治的水文情势影响程度相对较小。要注重枢纽水库对整个流域的水文情势及水生生态造成的累积影响。敏感河段包括水富—宜宾，宜昌下游部分河段、长江口。

2）航道建设对水生生态系统的叠加和累积影响

长江干流航道运行、维护、整治工程施工方式中，炸礁和筑坝对水生生态的影响是永久性的，主要体现在局部区域河道地形特征发生改变；疏浚、护滩护底、护岸加固对水生生态的影响是临时性的，影响主要在施工期。

（1）叠加影响。同一河段多项工程同时施工，其产生的叠加影响将明显大于单项工程的影响。一处潜坝或炸礁工程实施后对水文情势的改变是有限的，但多个工点同时施工或同一个水文年施工，将在短期内改变较长河段的水文情势。水文情势参数中，流量、流速、持续时间、出现时机和水文条件的变化率5个决定性要素控制着河流生态系统的生态过程。这些特征对生态系统的多样性、完整性十分重要。其中，流量、流速、持续时间是影响产漂流性卵鱼类繁衍的直接因素。炸礁、潜坝的实施主要是改变了流向、流态，减少了泡漩、翻滚等复杂的水文特征。长江上游河段产漂流性卵鱼类较多，维护整治工点分布相对密集，炸礁、筑坝施工将减少鱼类的重要生境，影响鱼类等水生生物的正常栖息，因此，对生态的影响相对较大。

（2）累积影响。航道整治工程对水生生态的累积影响主要体现在栖息生境的减少。炸礁导致以岩石为基质的底栖动物、着生藻类的栖息场所的减少，护滩、护底、护岸等导致部分区域河床原有底质结构改变，影响施工区域底栖性水生生物种类的栖息，除了干扰鱼类的正常生活，还会破坏部分区域鱼类产卵所需的基质，减少鱼类觅食的场所。航道整治工程施工区域大多位于江心洲、沿岸洲滩区域，这些区域也是生物多样性较丰富的区域，是鱼类产卵、觅食的天然场所，也是江豚最喜欢的栖息水域。随着规划工程的逐步实施，鱼类和江豚等适宜的栖息生境可能会被逐步压缩。

3.2.2 长江航道局环境保护工作的主要职责与任务

《中华人民共和国环境保护法》规定："保护环境是国家的基本国策。国家采取有利于节约和循环利用资源、保护和改善环境、促进人与自然和谐的经济、技术政策和措施，使经济社会发展与环境保护相协调。""企业应当优先使用清洁能源，采用资源利用率高、污染物排放量少的工艺、设备以及废弃物综合利用技术和污染物无害化处理技术，减少污染物的产生。""建设项目中防治污染的设施，应当与主体工程同时设计、同时施工、同时投产使用。防治污染的设施应当符合经批准的环境影响评价文件的要求，不得擅自拆除或者闲置。""排放污染物的企业事业单位和其他生产经营者，应当采取措施，防治在生产建设或者其他活动中产生的废气、废水、废渣、医疗废物、粉尘、恶臭气体、放射性物质以及噪声、振动、光辐射、电磁辐射等对环境的污染和危害"等。长江航道局是公益性事业单位，结合长江航道局"三定"责任，环保工作包括社会环保责任和内部防污染责任两大部分，包含三个方面的职责：提供的航道公共服务产品应为环保绿色产品；控制并减少各类航道生产活动对环境的污染与危害；各类航道生产活动的节能环保。具体环保工作任务如下：

（1）贯彻党和国家关于环境保护工作的方针政策、法律法规和行业标准。建立健全长江航道环境保护工作责任制、工作机制与管理制度；接受上级主管机关、生态环境管理部门及相关执法机构对航道局环境保护工作的监察和执法，落实整改措施。

（2）组织开展长江航道建设、运行、服务和管理等环保工作。依法加强长江航道建设、运行、服务和管理的防污染管理，落实环境保护措施和投入，控制并减少各类航道生产活动对环境的污染和危害，依法处置污染物，按规定实施达标排放或零排放；落实长江航道整治建设中的环境保护、生态修复及生态环境补偿等措施，推进长江生态航道建设；加强清洁能源和新技术、新工艺、新材料、新设备在长江航道的推广应用，积极推进长江航道工艺、装备和管理的技术进步，推进节能环保、清洁生产。

（3）组织开展长江航道建设、运行、服务和管理等环保应急工作。制定生态环境突发事件应急处置工作预案，做好长江航道生态环境突发事件的应对管理工作；组织开展环境保护宣传教育和演习演练；参与配合长江生态环境突发事件应急处理；配合相关机构对航道局生态环境事件（事故）的调查处理；按权限组织生态环境事件（事故）的内部调查处理。

3.3　长江航道生产活动中环境保护工作存在的主要问题

经过调研，结合平时掌握的情况，当前长江航道环境保护工作存在的问题主要体现在以下 6 个方面。

3.3.1　环境管理人员配置与管理体系

长江航道局下设宜宾、泸州、重庆、宜昌、武汉、南京 6 个区域航道局，负责组织实施辖区内航道及航道设施的运行、维护管理，负责辖区内航道测绘、维护性疏浚、应急抢通的组织实施以及航道整治工程的协调配合工作。各区域航道局设置内设机构包括：办公室、财务审计处、人事教育处、航标处、测绘处、航道运行处、资产装备处、安全处、科技信息处、党群办公室、纪检监察处等。其中，环境保护工作职能一般纳入资产装备处，根据对重庆、武汉、南京等航道局实地调研发现，该部门涉及工作种类较多，环境保护工作仅为其中一项。部门人员一般为 3~4 人，除环保工作外，还需兼顾安全等工作，同时并无专门的环境保护与管理部门，无法满足环境保护工作的要求。

同时，根据现场调研发现，目前长江航道局及大部分下属企业还未建立相应的环境管理工作机制，对于长江航道环境保护与管理工作缺乏有效的制度建设，环境保护工作目标与内容相对模糊。长江重庆航道局于 2018 年 10 月下发了《环境保护工作规定》，为第一家制定环境保护工作有关制度的单位，其他单位在环境保护工作制度建设方面还相对滞后。

3.3.2　航标养护维修

长江航道局常年设置航标约 7 300 座，其中浮标约 5 600 座、岸标约 1 700 座。航标浮具及标体支架等一般在水上、船上或滩涂进行维修保养和涂漆作业，存在一定的污染。按照国家现行环境保护规定，已不允许进行航标维护的岸边作业，虽然目前部分航段的管理部门已设置了航标维护基地，但由于航标上岸维护的成本较高，浮具维护一般为 3 500~5 000 元/个，运输成本为 3 000~5 000 元/个，部分区域还未设置航标维护基地，因此短期内实现航标维护的全部上岸操作难度较大。另外，部分航标维护基地虽已建成，但无实际工作人员，未进行生产运行，也未落实相应的配套需求。部分已运行的维护基地位置接近江边，由于缺少相应的环保措施，极易产生二次环境污染。

另外，太阳能电池板、电池、航标灯一般采用一次性产品，信号台存在使用干电池、铅酸蓄电池等现象，存在一定的污染隐患；对于废弃的航标浮具、标体、灯器、太阳能电池板、电池、电子器件等，部分单位未进行或未全部进行统一回收和集中处置，特别是废旧电池和电子元器件因高昂的回收处理费用，需由专业公司回收处置，目前尚未全面落实。根据调研统计，长江航道每年产生 2 000～3 000 个报废电池，且型号不同，因此实现长江全部航段报废电池的统一处置存在经费短缺问题。

3.3.3 航道养护疏浚

航道通常采用工程船舶疏浚的方式维持航道尺度。航道疏浚对河床底质产生扰动，可能对水生生态产生一定的影响，疏浚土通过边抛等方式再次抛入江中，一些环保人士认为对水体环境有一定污染。通过调研发现，在部分敏感区域，例如，重庆航道在保护区核心区内不允许进行疏浚作业，但在实际通航过程中疏浚养护为必须开展的工作，环境管理部门与航道管理部门要求不同，因此在不同管理角度存在管理要求难以协调的困难。

近年来，环保疏浚逐渐兴起，长江航道局正在积极探索将疏浚土转移上岸，进行综合利用。但疏浚土上岸利用要避免涉嫌变相采砂，涉及与相关管理部门、地方政府、相关企业的多方合作，合作方式尚在探索中，且目前陆上纳泥区较少，推广应用还不够。

3.3.4 维护船舶运行

初步统计，截至 2017 年年底，长江航道局在役的航道维护船舶约 474 艘（机动船 286 艘，非机动船 188 艘），其中已达到报废年限仍在服役的船舶 40 艘（机动船 14 艘，非机动船 26 艘），5 年内达到报废年限的船舶 119 艘（机动船 40 艘，非机动船 79 艘）。总体来看，老旧船舶中以非机动船为主，尤以 24 米趸船居多。

（1）机动船舶油污水处理

286 艘机动船中，配备了油污水处理设备的有 126 艘，但基本没有使用。据各单位测试，大部分设备长期不用，已无法恢复运行，仅有 31 艘船舶的油污水处理设备可以启动，是否能正常使用、处理是否达标均未进行验证。

目前，大部分船舶油污水都委托专业公司回收处理，但部分地区无专业回收公司，若有也不按规定定期回收，或只回收利用价值较高的废油、不回收油污水。部分船舶油污水在进场维修时随便排放。根据国家最新的船舶水污染物排放控制标准，要求船舶收集含油污水并排入接收设施。因此，长江航道管理部门在含油污水收集方面还需完善接收处置工作。

（2）船舶生活污水处理

内河船舶长期习惯于将生活污水直排。474 艘航道维护船舶中，配置了生活污水处理设备的有 199 艘，配置标准较低，还有一些船舶仅配备了污水储存箱（柜），而且基本没有使用，或根本不能使用。根据现场调研发现，部分船舶配置的生活污水处理装置长时间未启用，即便启用，污水处理效果也难以保证。部分趸船内目前仍无生活污水处理装置，无法进行生活污水处理；部分趸船目前设置了生活污水的外排接口，但并未启用。

图 3-1　机动船内生活污水处理装置

图 3-2　趸船生活污水外排接口

按照《船舶水污染物排放控制标准》（GB 3552—2018），对于船舶生活污水的防治要求进一步提高。要求长江航道内船舶生活污水零排放，但目前船舶生活污水的去向问题仍难以解决。现长江航道内仅南京航道局辖区内有一处船舶生活污水接口纳入市政污水管网，其他区域船舶仍需对生活污水处理后利用第三方单位进行接收。但此种方式存在两方面的困难：一是部分地区由于位置相对偏远，无生活污水接收的第三方单位；二是此种方式经费较高，难以实现污水的全部接收。同时，部分船舶需进行生活污水处理与存储装置的加装，会造成一定的风险隐患。

图 3-3　南京航段船舶生活污水处理装置

（3）船舶固体废弃物处理

目前，长江航道局机动船、非机动船、码头、基地基本都配备了垃圾桶或垃圾箱，船上配备了垃圾袋，固体废弃物和生活垃圾基本能装袋收集，投放至岸上市政垃圾收集点，交由市政垃圾收集处理系统集中收集处置，个别单位委托回收机构定期到码头和船舶接收固体废弃物。

（4）机动船舶废气处理

长江航道维护船艇均使用燃油发动机，发动机质量总体较好。长江航道局船舶多为小型船舶，基本未配备烟道烟尘污染物处理装置。

船舶废气污染控制主要依靠选用高品质燃油减少船舶废气排放。按照《船舶发动机排气污染物排放限值及测量方法》（GB 15097—2016）第二阶段排放要求，47 kW以上船舶在 2019—2021 年要全部使用国 V 标准柴油。但目前长江水上加油站普及国 V 燃油供应工作还在推进之中，国营与私营加油站并存，良莠不齐，燃油品质存在不稳定现象，且供油站点布局不匀，县级以上城市、港区周边较多，乡镇及偏远地区站点少。长江航道局船舶废气排放是否达标尚需检验，节能减排实际效果尚需评估。

（5）船舶维修保养

船舶维修保养与航标船维修保养类似，除进场大修之外，机动船、非机动船日常油漆保养、小修零修多在码头前沿水域或利用自然岸坡进行，水上露天作业无法采取有效的防污染措施。国家已禁止在长江航道水上露天保养作业，传统的船舶维修方式已不符合国家法规的要求。目前，长江船舶在维护保养中要求对保养后产生的垃圾、废渣进行收集，并在作业过程中进行围挡，避免废水进入长江。但这种方式属于临时措施，不能从根本上解决维护保养中的环境问题。

3.3.5 码头基地运行

据初步统计，长江航道局共有航道码头与基地156座（工程单位码头设施21座，统计不完整），其中综合码头及航标维护基地14座。位于长江干线县市级饮用水源保护区内的码头设施共计31座，其中一级保护区内7座，二级保护区内24座。2017—2018年已整改15座，其中搬迁一级保护区内码头5座，搬迁整改二级保护区内码头10座（搬迁9座，整改1座）。目前，尚有17座码头位于水源保护区内，其中一级保护区内2座（环保部门未要求整改），二级保护区内码头15座（其中1座环保部门未要求整改，1座已整改）。按照最新环保要求，位于水源地二级保护区内的公务码头可以不搬迁，但要实行污水上岸或执行地方整改要求。

此外，长江航道局还有部分码头设施（初步了解有4座）位于珍稀鱼类、豚类保护区、栖息地及湿地、水生生态涵养区等生态红线范围内。目前，生态环保部门尚未全面清理并提出整改要求，下一步面临搬迁整改。

目前，综合码头及航标维护基地整体利用率不高，部分基地仅使用了业务用房和仓库、堆场，航标维修、保养、涂装生产线均未使用。生产线未配置相应的工业污水、粉尘净化处理设备和油漆等挥发性气体收集处理设备。基地陆域场地大多建有雨水收集管路，但未建雨污分离管路，而且大部分基地远离城市管网，未接入市政污水管网。若整改恢复航标建造与维修生产功能，需投入大量资金完善防污染设施设备，但即便完善了设备，处理后的废水排放仍是棘手的问题。因此，码头基地运行维护的环保合规性存在一定的困难。

3.3.6 整治资金

通过调研发现，由于国家对于长江航道生态环境保护要求的提高，执行的相关法律法规要求也随之提升，原有的部分航道运行养护方式也将进行调整，随之带来的资金预算也大幅度增加。特别是在船舶污水处置、航标废弃物处置以及航标上岸维护等方面，若按最新国家要求进行船舶生活污水处理后上岸排放或处置、利用岸上基地进行航标维护，产生的费用大概是以往费用的10倍，而目前大部分航段的航道管理部门环保年经费预算远小于这类费用，因此在短期内实现船舶生活污水零排放、航标上岸维护等要求缺乏有效的资金支持。

第4章　新时期国家及地方对长江航道环境保护的政策要求

4.1　国家对长江航道环境保护的政策要求

4.1.1　国家对生态文明建设的要求

推动长江经济带“共抓大保护，不搞大开发”，是党中央作出的一项重大决策，也是事关国家发展全局的一项重大战略。在2019年的政府工作报告中，李克强总理提出，长江经济带发展要加强生态保护修复，打造高质量发展经济带。要持续推进污染防治，加强生态系统保护修复。

4.1.1.1　国家对长江生态环境保护的重点工作与要求

（1）合力攻坚，持续推进长江生态保护修复。2019年2月26日，生态环境部向长江经济带沿江11省市紧急发函，以共同推进《长江保护修复攻坚战行动计划》。为确保长江保护修复攻坚战取得明显成效，生态环境部将启动8个专项行动，通过突破重点，带动全局工作，落实好《长江保护修复攻坚战行动计划》。近两年，生态环境部会同相关部门及沿江11个省市，先后制定了《长江经济带生态环境保护规划》和《长江保护修复攻坚战行动计划》，对长江经济带沿江11个省市开展中央生态环保督察，指导支持11个省市初步划定了生态保护红线，同时还开展了“三线一单”实施方案的编制试点工作，并推动解决了一批突出问题。这些举措推动长江生态保护修复取得了很好的成效。

（2）加强顶层设计，高质量建设长江上游生态屏障。目前，长江生态系统保护修复面临诸多挑战。一些省市存在生态修复保护任务重、沿江化工园区缺乏建设经验和规范引导、生态修复保护资金不足等突出问题，因此应高质量建设长江上游生态屏障，为长江多留“绿”，少留“遗憾”。在国家层面应加强顶层设计，推进长江上游生态屏障建设。同时，在地方层面建立健全跨区域、跨部门的协调联动机制和生态补偿长效机制。此外，还应加快立法进程，为实现长江大保护提供法律保障。

（3）为长江“减负”，推动沿江地区高质量发展。长江经济带沿江11个省市的地区生产总值占全国比重45%以上，是我国重要的工业基地和经济走廊，但同时，区域范围内规模以上工业企业数量在全国占比49%。长期以来，中上游地区经济发展过度依赖资源消耗、规模扩张的粗放发展模式，化工园区缺乏科学管理、产业结构不合理、发展机制落后等问题仍然存在。要为长江“减负”，需在园区、产业结构和相关机制上下足功夫。①对化工园区存在的问题，应有针对性地逐个“攻破”，针对化工园区混合污水的水质特征和排放特点，应制定化工园区集中式污水处理设施建设规范，统一规划、建设、管理污水集中处理设施和配套设施，推进园区废水达标排放；针对园区内化工企业排放的污水，在预处理、输送、计量、排放、接管等方面制定标准规范。②在中央层面，建立宏观协调机制，统筹沿江各地自身发展与协同发展的关系，推动实现上、中、下游错位发展、协调发展、有机融合，形成整体合力；在地区层面，建立省级协调机制，通过横向合作协调沿江三大城市群结合区位条件、资源禀赋、经济基础，形成差异化协同发展；在项目层面，建立企业合作机制，探索形成沿江生态产品价值实现路径，积极稳妥化解旧动能。

4.1.1.2 生态文明建设的主要目标

到2020年，资源节约型和环境友好型社会建设取得重大进展，主体功能区布局基本形成，经济发展质量和效益显著提高，生态文明主流价值观在全社会得到推行，生态文明建设水平与全面建成小康社会目标相适应。

（1）国土空间开发格局进一步优化。经济、人口布局向均衡方向发展，陆海空间开发强度、城市空间规模得到有效控制，城乡结构和空间布局明显优化。

（2）资源利用更加高效。单位国内生产总值二氧化碳排放强度比2005年下降40%~45%，能源消耗强度持续下降，资源产出率大幅度提高，用水总量力争控制在$6\ 700\times10^{8}\ m^{3}$以内，万元工业增加值用水量降低到65 m^{3}以下，农田灌溉水有效利用系数提高到0.55以上，非化石能源占一次能源消费比重达到15%左右。

（3）生态环境质量总体改善。主要污染物排放总量继续减少，大气环境质量、重点流域和近岸海域水环境质量得到改善，重要江河湖泊水功能区水质达标率提高到80%以上，饮用水安全保障水平持续提升，土壤环境质量总体保持稳定，环境风险得到有效控制。森林覆盖率达到23%以上，草原综合植被覆盖度达到56%，湿地面积不低于8亿亩，50%以上可治理沙化土地得到治理，自然岸线保有率不低于35%，生物多样性丧失速度得到基本控制，全国生态系统稳定性明显增强。

（4）生态文明重大制度基本确立。基本形成源头预防、过程控制、损害赔偿、责任追究的生态文明制度体系，自然资源资产产权和用途管制、生态保护红线、生态保护补偿、生态环境保护管理体制等关键制度建设取得决定性成果。

4.1.1.3 生态文明建设对长江航道环境保护与管理的相关要求

（1）全面推进污染防治要求。按照以人为本、防治结合、标本兼治、综合施策的原则，建立以保障人体健康为核心、以改善环境质量为目标、以防控环境风险为基线的环境管理体系，健全跨区域污染防治协调机制，加快解决人民群众反映强烈的大气、水、土壤污染等突出环境问题。实施水污染防治行动计划，加强重点流域、区域、近岸海域水污染防治和良好湖泊生态环境保护，建立健全化学品、持久性有机污染物、危险废物等环境风险防范与应急管理工作机制。切实加强核设施运行监管，确保核安全万无一失。

（2）完善标准体系。加快制定修订一批能耗、水耗、地耗、污染物排放、环境质量等方面的标准，实施能效和排污强度“领跑者”制度，加快标准升级步伐。提高建筑物、道路、桥梁等建设标准。环境容量较小、生态环境脆弱、环境风险高的地区要执行污染物特别排放限值。鼓励各地区依法制定更加严格的地方标准。建立与国际接轨、适应我国国情的能效和环保标识认证制度。

（3）完善环境监管制度。建立严格监管所有污染物排放的环境保护管理制度。完善污染物排放许可证制度，禁止无证排污和超标准、超总量排污。违法排放污染物、造成或可能造成严重污染的，要依法查封扣押排放污染物的设施设备。对严重污染环境的工艺、设备和产品实行淘汰制度。实行企事业单位污染物排放总量控制制度，适时调整主要污染物指标种类，纳入约束性指标。健全环境影响评价、清洁生产审核、环境信息公开等制度。建立生态保护修复和污染防治区域联动机制。

（4）完善责任追究制度。建立领导干部任期生态文明建设责任制，完善节能减排目标责任考核及问责制度。严格责任追究，对违背科学发展要求、造成资源环境生态严重破坏的要记录在案，实行终身追责，不得转任重要职务或提拔使用，已经调离的也要问责。对推动生态文明建设工作不力的，要及时诫勉谈话；对不顾资源和生态环境盲目决策、造成严重后果的，要严肃追究有关人员的领导责任；对履职不力、监管不严、失职渎职的，要依纪依法追究有关人员的监管责任。

（5）推动技术创新。结合深化科技体制改革，建立符合生态文明建设领域科研活动特点的管理制度和运行机制。加强重大科学技术问题研究，开展能源节约、资源循环利用、新能源开发、污染治理、生态修复等领域关键技术攻关，在基础研究和前沿技术研发方面取得突破。强化企业技术创新主体地位，充分发挥市场对绿色产业发展方向和技术路线选择的决定性作用。完善技术创新体系，提高综合集成创新能力，加强工艺创新与试验。支持生态文明领域工程技术类研究中心、实验室和实验基地建设，完善科技创新成果转化机制，形成一批成果转化平台、中介服务机构，加快成熟适用技术的示范和推广。加强生态文明基础研究、试验研发、工程应用和市场服务等科技人才队伍建设。

4.1.2 对长江经济带生态保护的要求

4.1.2.1 长江经济带生态环境保护的主要目标

到2020年，生态环境明显改善，生态系统稳定性全面提升，河湖、湿地生态功能基本恢复，生态环境保护体制机制进一步完善。

(1) 建设和谐长江。水资源得到有效保护和合理利用，生态流量得到有效保障，江湖关系趋于和谐。

(2) 建设健康长江。水源涵养、水土保持等生态功能增强，生物种类多样，自然保护区面积稳步增加，湿地生态系统稳定性和生态服务功能逐步提升。

(3) 建设清洁长江。水环境质量持续改善，长江干流水质稳定保持在优良水平，饮用水水源达到Ⅲ类水质比例持续提升。

(4) 建设优美长江。城市空气质量持续好转，主要农产品产地土壤环境安全得到基本保障。

(5) 建设安全长江。涉危企业环境风险防控体系基本健全，区域环境风险得到有效控制。

到2030年，干支流生态水量充足，水环境质量、空气质量和水生生态质量全面改善，生态系统服务功能显著增强，生态环境更加美好。

4.1.2.2 对于长江航道环境保护与管理的相关要求

1) 强化生态优先绿色发展的环境管理措施

(1) 实行负面清单管理。长江沿线一切经济活动都要以不破坏生态环境为前提，抓紧制定产业准入负面清单，明确空间准入和环境准入的清单式管理要求，提出长江沿线限制开发和禁止开发的岸线、河段、区域、产业以及相关管理措施。不符合要求占用岸线、河段、土地和布局的产业，必须无条件退出。除在建项目外，严禁在干流及主要支流岸线1 km范围内布局新建重化工园区，严控在中上游沿岸地区新建石油化工和煤化工项目。严控下游高污染、高排放企业向上游转移。

(2) 推进绿色发展示范引领。研究制定生态修复、环境保护、绿色发展的指标体系。在江西、贵州等省份推进生态文明试验区建设，全面推动资源节约、环境保护和生态治理工作，探索人与自然和谐发展的有效模式。以武陵山区、三峡库区、湘江源头区域为重点，创新跨区域生态保护与环境治理联动机制，加快形成区域生态环境协同治理经验。以淮河流域、巢湖流域为重点，加强流域生态环境综合治理，完善综合治理体制机制，加快形成流域综合治理经验。重点支持长江经济带沿江城市开展绿色制造示范。鼓励企业进行改造提升，促进企业绿色化生产。推进绿色消费革命，引导公众向勤俭节约、绿色低碳、文明健康的生活方式转变。

2）严格水资源保护

强化水功能区水质达标管理。根据重要江河湖泊水功能区水质达标要求，落实污染物达标排放措施，切实监管入河湖排污口，严格控制入河湖排污总量。实施《长江经济带沿江取水口、排污口和应急水源布局规划》，合理布局调整取、排水口，2020 年年底前完成 384 个入河排污口整治。

3）坚守环境质量底线，推进流域水污染统防统治

强化河流源头保护。现状水质达到或优于Ⅱ类的汉江、湘江、青衣江等江河源头，应严格控制开发建设活动，减少对自然生态系统的干扰和破坏，维持源头区自然生态环境现状，确保水质稳中趋好。以矿产资源开发为主的源头地区，要严控资源开发利用行为，减少生态破坏，加大生态保护和修复力度。以农业活动为主的源头地区，应加大农业面源污染防治力度，重点开展农村环境综合整治。其他源头地区，要积极开展生态安全调查和评估，制定和实施生态环境保护方案，确保水质持续改善。

4）强化突发环境事件预防应对，严格管控环境风险

（1）优化沿江企业和码头布局。立足当地资源环境承载能力，优化产业布局和规模，严格禁止污染型产业、企业向中上游地区转移，切实防止环境风险聚集。禁止在长江干流自然保护区、风景名胜区、“四大家鱼”产卵场等管控重点区域新建工业类和污染类项目，对现有高风险企业实施限期治理。除武汉、岳阳、九江、安庆、舟山 5 个千万吨级石化产业基地外，其他城市原则上不再新布局石化项目。严格危化品港口建设项目审批管理，自然保护区核心区及缓冲区内禁止新建码头工程，逐步拆除已有的各类生产设施以及危化品、石油类泊位。

（2）建立流域突发环境事件监控预警与应急平台。排放有毒有害污染物的企业事业单位，必须建立环境风险预警体系，加强信息公开。以长江干流和金沙江、雅砻江、大渡河、岷江、沱江、嘉陵江（含涪江、渠江）、湘江、汉江、赣江等主要支流及鄱阳湖、洞庭湖、三峡水库、丹江口水库等主要湖库为重点，建设流域突发环境事件监控预警体系。

（3）严防交通运输次生突发环境事件风险。强化水上危化品运输安全环保监管和船舶溢油风险防范，实施船舶环境风险全程跟踪监管，严厉打击未经许可擅自经营危化品水上运输等违法违规行为。加快推广应用低排放、高能效、标准化的节能环保型船舶，建立健全船舶环保标准，提升船舶污染物的接收处置能力。严禁单壳化学品船和 600 载重吨以上的单壳油船进入长江干线、京杭运河、长江三角洲等高级航道网以及乌江、湘江、沅水、赣江、信江、合裕航道、江汉运河。加强危化品道路运输风险管控及运输过程安全监管，推进危化品运输车辆加装全球定位系统

（GPS）实时传输及危险快速报警系统，在集中式饮用水水源保护区、自然保护区等区域实施危化品禁运，同步加快制定并实施区域绕行运输方案。

（4）实施有毒有害物质全过程监管。全面调查长江经济带危险废弃物产生、贮存、利用和处置情况，摸清危险废弃物底数和风险点位。开展专项整治行动，严厉打击危险废弃物非法转运。加快重点区域危险废弃物无害化利用和处置工程的提标改造和设施建设，推进历史遗留危险废弃物处理处置。严格控制环境激素类化学品污染，完成环境激素类化学品生产使用情况调查，监控评估饮用水水源、农产品种植区及水产品集中养殖区风险，实施环境激素类化学品淘汰、限制、替代等管控措施。实施加强放射源安全行动计划，升级改造长江经济带放射性废弃物库安保系统，强化地方核与辐射安全监管能力。多措并举，破解重化工企业布局不合理问题，重化工产业集聚区应开展优先控制污染物的筛选评估工作。严格新（改、扩）建生产有毒有害化学品项目的审批。

5）加强科技支撑

加强长江经济带生态环境基础科学问题研究，系统推进区域污染源头控制、过程削减、末端治理等技术集成创新与风险管理创新，加快重点区域环境治理系统性技术的实施，形成一批可复制、可推广的区域环境治理技术模式。依托有条件的环保、低碳、循环等省级高新技术产业开发区，集中打造国家级环保高新技术产业开发区，带动环保高新技术产业发展。

4.1.3 相关规划要求

（1）《长江流域综合规划（2012—2030年）》明确了长江干线的开发任务，规划宜宾至重庆河段为Ⅲ级航道（结合梯级枢纽建设，可将标准提高到Ⅰ级），重庆至长江口为Ⅰ级航道。因此，长江航道环境保护工作要与规划相一致，目标是全面解决通航瓶颈，长江干线实现全线一级航道标准，总体与流域规划拟定的远期开发目标一致，但应考虑宜宾至重庆河段在规划梯级枢纽不实施情况下的规模可达性和整治强度问题，协调好流域其他水利工程建设和生态保护的关系。同时，该规划制定了水生生态环境保护及修复规划，提出应进行物种保护与生物资源养护、生境保护与修复、湿地保护与修复、自然保护区建设、建立有效的监测及管理制度。因此，长江航道环境管理工作应严格落实相关生态和环境保护要求。

（2）规划沿江地区涉及《全国主体功能区划》规划的优先开发区、重点开发区、限制开发区，但同时部分航道整治内容也涉及禁止开发区，需予以规避。根据禁止开发区的管理原则，国家级自然保护区内的交通、通信、电网等基础设施要慎重建设，能避则避，必须穿越的，要符合自然保护区规划，并进行保护区影响专题评价。新建公路、铁路和其他基础设施不得穿越自然保护区核心区，尽量避免穿越缓冲区。

（3）《长江经济带发展规划纲要》围绕“生态优先、绿色发展”的基本思路，确立了长江经济带“一轴、两翼、三极、多点”的发展新格局。规划至 2020 年，长江黄金水道瓶颈制约将有效疏畅、功能显著提升，基本建成衔接高效、安全便捷、绿色低碳的综合立体交通走廊；到 2030 年，水脉畅通、功能完备的长江全流域黄金水道全面建成，上、中、下游一体化发展格局全面形成，长江经济带将在全国经济社会发展中发挥更加重要的示范引领和战略支撑作用。该规划纲要明确了长江干线航道的重要战略地位，同时对开发方式和强度进行了约束，明确把保护和修复长江生态环境摆在首要位置，共抓大保护，不搞大开发。重点要做好四个方面的工作：一是保护和改善水环境；二是保护和修复水生生态；三是有效保护和合理利用水资源；四是有序利用长江岸线资源。

（4）国务院围绕长江经济带发展出台的《长江经济带综合立体交通走廊规划》要求加快打造长江黄金水道，充分发挥长江水运运能大、成本低、能耗少等优势，加快推进长江干线航道系统治理，整治浚深下游航道，有效缓解中上游瓶颈，改善支流通航条件，优化港口功能布局，加强集疏运体系建设，打造畅通、高效、平安、绿色的黄金水道。下游重点实施 12. 5 m 深水航道延伸至南京工程；中游重点实施荆江河段航道整治工程，抓紧开展宜昌至安庆段航道工程模型试验研究；上游重点实施重庆至宜宾段航道整治工程，研究论证宜宾至水富段航道整治工程。因此，长江航道环境保护工作应符合上述规划要求，在日常工作中重视上游航道整治的整治强度与生态保护的关系。

（5）航道整治涉及的有关生态和环境保护的法律法规、政策和规划也进一步约束了航道开发强度及规模。长江干线航道整治涉及自然保护区、饮用水水源保护区、水产种质资源保护区、重要湿地、重要物种、重要鱼类生境、生态保护红线等区域，对于航道开发有明确的法律法规保护要求，需要科学考虑航道整治与经济发展的关系，与自然保护区、饮用水源保护区和生态保护红线的制约关系，国家和地方对生态保护、修复的要求存在的矛盾，以及农业农村部近期出台的一系列关于江豚等水生生物保护的意见、交通运输部关于船舶港口的船舶与港口污染防治专项行动实施方案的有关要求，合理制定开发方案。

4.1.4　生态空间保护及准入要求

根据长江干线航道建设可能涉及的自然保护区、饮用水水源保护区、重要栖息地空间范围，结合地方生态保护红线划定，目前在长江干线航道规划中已对生态空间的保护提出了严格的要求，长江航道环境保护工作应按照生态空间保护的要求开展相应工作。

表 4-1 长江航道生态空间保护及准入要求

<table>
<tr><th>名称</th><th>空间范围</th><th>保护及准入要求</th></tr>
<tr><td>自然保护区</td><td>保护区核心区及缓冲区</td><td rowspan="4">原则纳入红线区，禁止实施整治工程。</td></tr>
<tr><td>重要鱼类“三场”</td><td>白鲟、达氏鲟、胭脂鱼、中华鲟等鱼类“三场”，其空间范围基本位于自然保护区范围内</td></tr>
<tr><td>饮用水源一级保护区</td><td>根据各水源保护区划定情况确定</td></tr>
<tr><td>各省市划定的生态保护红线一级管控区</td><td>根据各省市划定确定</td></tr>
<tr><td>规划可能涉及的其他敏感区</td><td>自然保护区实验区、饮用水源二级保护区、水产种质资源保护区、生态保护红线二级管控区、一般鱼类生境</td><td>涉及自然保护区实验区和水产种质资源保护区的，工程实施阶段还应进行专题评估，并取得主管部门同意，采取预防、减缓及修复性措施，将工程对生态的影响降低到最低限度。涉及饮用水源二级保护区、生态保护红线二级管控区的，应取得相关主管部门同意。
对船舶的要求：禁止内河单壳化学品船舶和 600 载重吨以上的单壳油船进入；禁止不能达到污染物排放标准的船舶进入；保护区内不得排放任何船舶污水。</td></tr>
</table>

综上所述，目前国家对于长江经济带及长江航道的环境保护工作提出了越来越高的要求，与长江航道环境保护相关的重点工作主要包括提高长江航道水环境质量与生态服务功能、加强船舶污染防治、推动航道整治工程以及加强航道环境风险防范等，这些都为长江航道环境保护工作总体战略的制定指明了方向。

4.2 湖北省对长江航道生态环境保护的要求

4.2.1 主要目标

到 2020 年，湖北长江经济带生态环境质量显著改善，绿色发展水平明显提升，形成以长江干支流为经脉、以山水林田湖为有机整体，江湖关系和谐、生态流量充足、流域水质优良、水土保持有效、生物种类多样的生态安全格局，构建和谐长江、清洁长江、健康长江、优美长江和安全长江，使长江经济带成为山清水秀、地绿天蓝的绿色生态廊道和生态文明先行示范带。

4.2.2 主要任务

4.2.2.1 强化沿江生态空间保护

（1）严格水域岸线用途管制。加强沿江各类开发建设规划和规划环评工作，完善空间准入、产业准入和环境准入的负面清单管理模式，建立健全准入标准，从严审批产生有毒有害污染物的新建和改扩建项目。科学划定岸线功能分区边界，严格分区管理和用途管制。严禁在干流及主要支流岸线 1 km 范围内新建布局重化工及造纸行业项目，1 km 范围内已建成企业实施重点整治、限期搬离。严控在中上游沿岸地区新建石油化工和煤化工项目。企业排污口下游 3 km 内存在饮用水取水口的，应关停整改。除武汉千万吨级石化产业基地外，其他城市原则上不再新布局石化项目。坚持“以水定发展”，按照《长江岸线保护和开发利用总体规划》要求，统筹规划长江岸线资源，严格分区管理与用途管制，合理安排沿江工业与港口岸线、过江通道岸线与取水口岸线，有效保护岸线原始风貌，利用沿江风景名胜和其他自然人文景观资源，为居民提供便捷、舒适的亲水空间。建立健全长江岸线保护和开发利用协调机制，统筹岸线和后方土地的使用和管理。探索建立岸线资源有偿使用制度。

（2）严格长江、汉江干流红线区域管控。禁止在长江、汉江干流自然保护区、饮用水水源保护区、国家级水产种质资源保护区、风景名胜区、湿地公园及干流Ⅱ类水环境功能区等生态保护红线区域内布设工业类和污染类项目，严格执行生态保护红线负面清单制度。强化红线区域的日常监管和问责，确保涉及长江的一切经济活动都要以不破坏生态环境为前提。国家及省重大项目因选址确实无法避让的，在充分论证后，按红线管理相关规定进行调整，并开展后续跟踪评估。

（3）严格河湖滨岸保护和管理。清理非法开垦土地，采取租用、补偿、激励等多种经济政策，释放滨岸生态空间。提升农田、农村集水区河段滨岸植被面源污染截留功能，提高城市河段植被的固岸护坡和景观等功能。恢复河流上、下游纵向和河道—滨岸横向的自然水文节律动态，拓展河湖横向滩地宽度。

4.2.2.2 强化饮用水水源地环境监管

（1）加大饮用水水源环境执法力度。严格依法行政，将饮用水水源环境管理纳入法治化轨道。加强对长江干流饮用水水源地保护区内违法违规设施和建设项目进一步排查。综合运用行政、法律和经济手段解决保护区清拆等遗留和现实问题，对影响饮用水水源安全的污染源单位责令限期整改，逾期不达标的坚决予以关闭。坚决关闭和取缔一级保护区内排污口及与供水作业和保护水源无关的建设项目，禁止网箱养殖、旅游、餐饮等可能污染饮用水水体的活动；二级保护区内已建成排放污染物的建设项目，由县级以上人民政府责令限期拆除或者关闭。

（2）建立饮用水水源地风险防范体系。完善风险预防体系，无备用水源的城市要加快备用水源、应急水源建设。各县级人民政府需编制切实可行的饮用水水源地应急预案，定期开展应急演练，提高应对突发性环境污染事故的应急处理能力。加强地表水水源地上游及地下水水源地补给区高风险污染源和危险品运输风险防范，建立水源地保护区风险源名录及管理制度，全面排查饮用水水源地保护区及上游地区污染源，制定保护区风险源管理制度。

4.2.2.3 深化长江流域水污染防治

按照“流域-水生生态控制区-控制单元”构成的流域水生生态环境功能分区体系，以长江中下游、汉江中下游、清江、丹江口库区、三峡库区、漳河水库等重点流域区域的保护与治理为重点，明确水污染防治重点和方向，促进水生生态系统恢复作用，以乡镇为最小行政单元建立污染源和水质间的输入响应关系，因地制宜实施精细化管理，进一步提高全省河流优良水体比例。

4.2.2.4 提高突发环境事件应急预警能力

建立健全突发事件应急指挥政策支持系统，建立跨行政区域的应急指挥体系。着力提升突发环境事件分析预警能力，继续推动饮用水水源地水质生物毒性预警试点、化工园区有毒有害气体环境风险预警体系试点。完善突发生态环境事件信息报告和公开机制，对重特大事件加大调查和责任追究力度，组织开展环境影响和损害评估。健全环境应急预案管理体系，建立环境风险源、敏感目标、环境应急能力与应急预案数据库，加强环境风险与应急基础数据的集成动态管理。重点推进长江干流、汉江、清江及三峡水库、丹江口水库等环境风险与应急大数据综合应用和工作平台建设。以长江干流、汉江、三峡水库、丹江口水库等为重点，建设流域突发环境事件监控预警体系。积极探索政府、社会、企业多元化参与的环境应急保障力量建设。推进武汉、宜昌应急队伍标准化和社会化试点示范建设，在武汉化工园区开展化工园区环境风险预警和防控体系建设试点示范，推动武汉工业园区环境应急物资储备试点示范建设。加快成立武汉、宜昌、襄阳、荆州、黄石5个环境应急中心，建设“省市快速联动、区域相互援助”的两级应急网络。积极推动与四川省、重庆市开展跨区域环境应急联动体系建设试点示范。

4.2.2.5 加强环境科技创新

加快推进大数据建设和应用，全面掌握重点流域区域的环境基础数据采集，抓紧开展典型流域水质、水文基础数据调查，对不达标断面污染成因开展调查及污染趋势分析，开展重点区域河流湖泊底泥调查、土壤污染状况详查、环境健康调查、监测与风险评估。围绕长江经济带、汉江经济带建设中的突出环保问题开展系统研究，以科学事实、科研数据、科技成果为依据，研究提出更具针对性的治理手段，加强多污染物协同控制，推动形成改善环境质量的整体效果，提高决策科学化水平。

完善环保科技创新环境，整合国内外高水平科技资源，加快构建湖北省先进环保技术成果转化平台，强化企业的创新主体地位，引导企业加大环保科技创新投入。对技术含量高、有可能形成产业化的项目和技术，予以高新技术产业的优惠政策。推动环境治理企业与科研院所、高等院校组建产学研技术创新战略联盟。

可以看出，地方政策对于长江航道环境保护工作的重点集中在水污染防治、岸线管控、风险防范、科技创新等方面，这扩展了长江航道环境保护的工作思路。

4.3　交通运输部对长江航道环境保护的相关政策要求

交通运输部从 2017 年开始，结合习近平总书记关于推动长江经济带发展的重要讲话，提出了一系列关于长江航道的绿色可持续发展的要求。2018 年以来，逐渐开展一系列的工作，提高了长江生态环境保护的要求，落实了长江生态环境保护的具体措施。

4.3.1　推进长江经济带绿色航运的发展

4.3.1.1　基本原则

（1）改革创新，引领发展。立足国家战略，着力推进供给侧结构性改革，紧紧依靠制度、科技和管理创新，积极培育绿色发展新动能，加快长江经济带绿色航运发展，引领全国航运发展，充分发挥长江黄金水道在长江经济带综合立体交通走廊中的主骨架和主通道作用，在长江经济带生态文明建设中先行示范。

（2）全面推进，重点突破。从战略规划着眼，强化长江经济带绿色航运发展顶层设计。加强统筹谋划，把绿色发展理念融入航运发展的各方面和全过程，从生态保护、污染防治、资源节约、节能降碳等方面全面推进绿色发展。坚持目标导向、问题导向，围绕关键领域和重点环节，实施专项行动，开展试点示范，实现率先突破。

（3）综合施策，分类指导。坚持优增量、调存量，综合运用改善结构、整合资源、提升标准、强化监管等多种措施，不断提升基础设施、运输装备的节能环保水平。既统筹推进协调发展，又结合实际，根据沿海内河、干支流特点，分类提出科学合理的目标要求。

4.3.1.2 主要工作

（1）完善长江经济带绿色航运发展规划。优化港口和航道规划布局，加快制定实施绿色航运发展专项规划。

（2）建设生态友好的绿色航运基础设施。推进绿色航道建设，开展绿色港口创建。

（3）推广清洁低碳的绿色航运技术装备。持续提升船舶节能环保水平，强化港口机械设备节能与清洁能源利用。

（4）创新节能高效的绿色航运组织体系。大力发展绿色运输组织方式，进一步提升运输组织效率。

（5）提升绿色航运治理能力。加强法规标准制定、修订工作，加强港口资源节约集约利用，加强节能环保监管，加大科技攻关和推广应用。

（6）深入开展绿色航运发展专项行动。加强化学品洗舱作业专项治理，大力推广靠港船舶使用岸电，积极推进液化天然气动力船舶和配套码头建设，强化危险化学品运输安全治理，组织船舶污染防治专项治理。

4.3.2 推进长江航运的高质量发展

长江航运是长江经济带综合交通运输体系的重要组成部分，是打造高质量发展经济带的重要支撑。近年来，长江航运加快发展，服务能力显著提升，在区域经济社会发展中的战略作用更加凸显。但仍然存在绿色发展短板、局部航道瓶颈制约、应急保障不足、服务质量不高等问题。为深入贯彻落实习近平总书记推动长江经济带发展系列重要讲话精神，加快推进长江航运高质量发展，交通运输部于2019年制定了《交通运输部关于推进长江航运高质量发展的意见》（以下简称《意见》）。

4.3.2.1 指导思想和总体目标

《意见》提出，以习近平新时代中国特色社会主义思想为指导，全面贯彻党的十九大和十九届二中、三中全会精神，坚持新发展理念，以供给侧结构性改革为主线，以“共抓大保护、不搞大开发”“生态优先、绿色发展”为根本遵循，以改革创新为动力，着力推进设施装备升级、夯实安全基础、提高服务品质、提升治理能力，将长江航运打造成交通强国建设先行区、内河水运绿色发展示范区和高质量发展样板区，为推动长江经济带高质量发展提供坚实支撑和有力保障。

《意见》明确，到2025年，基本建立发展绿色化、设施网络化、船舶标准化、服务品质化、治理现代化的长江航运高质量发展体系，长江航运绿色发展水平显著提高，设施装备明显改善，安全监管和救助能力进一步提升，创新能力显著增强，服务水平明显提高，在区域经济社会发展中的作用更加凸显。到2035年，建成长江航运高质量发展体系，长江航运发展水平进入世界内河先进行列，在综合运输体系中的优势和作用充分发挥，为长江经济带提供坚实支撑。

4.3.2.2 主要任务

（1）强化系统治理，促进航运绿色发展。加强港口和船舶污染防治，推广应用新能源和清洁能源，加强资源集约利用和生态保护，优化运输结构和组织方式。

（2）强化设施装备升级，促进航运顺畅发展。推进航道网络化、港口现代化、船舶标准化，统筹江海陆联动发展。

（3）强化动能转换，促进航运创新发展。推进航运技术创新，鼓励航运业态创新，深化航运服务创新，打造高素质人才队伍。

（4）强化体系建设，促进航运安全发展。铸牢安全生产责任链条，构建双重预防控制体系，提升应急救助能力。

（5）强化现代治理，促进航运健康发展。完善法规标准体系，构建法治化营商环境，引导市场有序发展，深化长江航务管理局系统体制机制改革。

4.3.3 严格控制长江干线港口岸线的资源利用

为优化长江干线已有岸线使用效率、破解港口岸线无序发展问题，贯彻落实习近平总书记重要讲话精神，更好地推动长江经济带高质量发展、加强港口岸线管理，2019 年 7 月，交通运输部办公厅与国家发展改革委员会办公厅联合印发了《交通运输部办公厅　国家发展改革委办公厅关于严格管控长江干线港口岸线资源利用的通知》（以下简称《通知》），明确了长江干线港口岸线资源利用的具体工作要求。

4.3.3.1 总体要求

以习近平新时代中国特色社会主义思想为指导，全面贯彻党的十九大和十九届二中、三中全会精神，坚持生态优先、绿色发展理念，共抓大保护、不搞大开发，以供给侧结构性改革为主线，以高质量发展为引领，牢固树立集约高效利用港口岸线理念，坚决防止非法码头现象反弹，坚持控总量、调存量、优增量、提效率，引领长江干线港口走上集约化、规模化、现代化发展道路，为把长江经济带建设成为生态更优美、交通更顺畅、经济更协调、市场更统一、机制更科学的黄金经济带提供有力支撑。

4.3.3.2 严防非法码头现象反弹

（1）依法打击违法利用港口岸线行为。加大非法码头治理和整改力度，严防未批先建、占而不用、多占少用港口岸线现象反弹。未取得港口岸线许可或超出许可规模和范围建设的码头设施，当地港口行政管理部门要对业主进行约谈，责令限期改正，并依法进行行政处罚或行政强制，行政处罚决定书或行政强制决定书应纳入本级或上一级相关信用管理平台。岸线使用自批准文件之日起两年内码头未开工建设，且未按规定办理延期手续的，岸线使用许可自动失效。严格控制拟分期实施项目的一次性申报港口岸线规模。对于长江干线非法码头、非法采砂专项整治工作后出现新的违法利用岸线行为，当地港口行政管理部门和发展改革部门要坚决查处、严肃整改，并将有关情况报交通运输部和国家发展改革委。

（2）严格管理临时使用的港口岸线。应统筹利用已有码头设施，原则上不应设置临时性的码头或装卸点。重点工程项目建设和执行防汛等应急保障特殊任务确需设置临时性码头或装卸点的，应在工程完工前或任务完成后及时拆除，恢复自然状态，坚决杜绝“批临长用”现象。

4.3.3.3 优化已有港口岸线使用效率

（1）加强规范提升老码头使用效率。现有码头泊位等级和岸线利用效率偏低，或影响所在区域港口岸线整体高效利用的，要加快升级改造或退出。未办理港口岸线使用审批手续的老码头，属2004年《中华人民共和国港口法》实施前已建成投产的，如符合港口规划且满足安全、环保和港口经营管理等要求，无须补办岸线使用审批手续；属2004年至2012年《港口岸线使用审批管理办法》实施前建成投产的，如符合港口规划，可由省级交通运输管理部门统一组织评估，按程序补办港口岸线使用审批手续。

（2）整合闲置码头和公务码头资源。沿江省市要按照政府引导、市场运作的原则，积极推进码头资源整合，完善退出机制，提高岸线使用效率。积极引导企业调整不适应市场需求的闲置码头功能，做好分类指导，长期经营不善的要推进资源重组，鼓励自身货源不足的工矿企业自备码头向社会开放服务。从严控制安全绿色发展需要之外的非生产性码头占用港口岸线，整合功能、合理布置各类公务码头。岸线使用人因企业破产等原因法人依法终止的，当地港口行政管理部门应当依法按程序办理岸线使用许可的注销手续。

4.3.3.4 严格管控新增港口岸线

（1）严控港口岸线总规模。坚持有保有压、有增有减，保障集约高效的公用规模化港区和提升安全绿色发展水平设施建设的港口岸线需求，根据生态保护和城市发展需要调整、压缩或退出部分港口岸线。沿江各港在修编已批准的港口总体规划时，规划的港口岸线总规模只减不增，不得突破原规划规模。

（2）严控工矿企业自备码头岸线。工矿企业应利用公用码头保障能源原材料和产品运输。从严控制因生产工艺等特殊需要之外的新建工矿企业自备码头岸线。鼓励运输需求大的工矿企业与港口物流企业合资合作，建设面向社会服务的专业化公用码头设施。

（3）严控危险化学品码头岸线。沿江省市要结合破解“化工围江”问题要求，推动化工企业入园进区，全面清查长江干线危险化学品码头和港口岸线利用情况，提出总量控制、布局优化、结构调整方案，建立危险化学品码头与化工园区联动发展机制。除国家重大战略项目配套、液化天然气（LNG）等清洁能源发展、化工企业产能置换和搬迁需要、已有码头安全和环保技术改造外，从严控制沿江化工企业改扩建和新建自备化工码头岸线。新建危险化学品公用码头使用港口岸线，不符合产业政策、安全要求或同港区同类码头能力富余的原则上依法不予批准。

4.3.3.5　保障集约绿色港口发展岸线

（1）保障规模化公用港区岸线需求。重点保障集装箱、大宗散货等专业化、规模化公用港区岸线需求，集中连片开发建设，提高岸线利用效率和港口现代化水平。加强港口岸线资源保护，对具有铁水联运、水水中转及综合枢纽功能、仍有成片未开发岸线资源的公用港区或作业区，应组织编制控制性详细规划，细化港口岸线、港区土地、疏港通道线位等布置，纳入所在地区国土空间规划，实施最严格的用途管控。

（2）统筹安全绿色港口岸线需求。优先保障水上交通安全应急码头，船用 LNG 加注站和水上洗舱站码头等港口岸线需求，统筹纳入港口总体规划，促进港口安全绿色发展。符合《长江干线水上洗舱站布局方案》《长江干线京杭运河西江航运干线液化天然气加注码头布局方案（2017—2025 年）》等专项规划有关要求，但未纳入港口总体规划的项目，应加快办理港区、作业区总体规划调整，并加快项目审批。符合专项规划且选址在已规划危化品港口岸线的洗舱站码头以及选址在已规划支持保障系统或危化品港口岸线的 LNG 加注站码头项目，可直接办理港口岸线使用审批手续。

4.3.3.6　推进港口岸线精细化管理

（1）高质量修订港口规划。沿江省市要落实高质量发展要求，对接最新的生态保护、国土空间、产业布局等规划，加快修订港口总体规划。合理确定港口功能定位，科学预测港口吞吐量，集中连片规划港口岸线，重点布置集装箱、大宗散货等规模化、专业化公用港区，做好重点港区集疏运布置规划。坚持港口绿色发展，做好与“三区三线”、负面清单和水利、城市、过江通道等相关规划的协调衔接。

（2）制定港口岸线利用效率指标。沿江港口行政管理部门要按照集约高效利用的原则，在 2019 年年底前研究制定本辖区内长江干线集装箱、煤炭、铁矿石、汽车滚装、件杂货等主要货类公用码头岸线利用效率指标，并以此为依据对长江干线港口岸线规划和利用等实行精细化管理。

（3）建立定期评估和信用管理制度。沿江港口行政管理部门应按照属地管理原则，综合利用现场巡查和信息化手段，加强港口岸线利用事中事后监管，加强“双随机、一公开”监督检查。结合水运五年规划和中期评估，每两至三年对本行政区划内长江干线港口岸线资源规划利用、使用效率、存在问题等进行系统评估并逐级上报。长江航务管理局要加强长江干线港口岸线使用情况的监督和评估。结合行业信用体系建设，将港口企业岸线利用情况纳入信用管理，将失信企业及时向社会公布，并与政府监管部门、财税、金融等部门信息共享。

可以看出，交通运输部近年来高度重视长江航道的环境保护工作，从航道维护、船舶污染防治能力提升改造、长江航道基础装备设施升级、新能源应用、科技创新与应用推广等方面提出了长江航道的未来环境保护工作重点。

4.4 生态环境部对长江航道环境保护的相关政策要求

生态环境部近年来也逐渐重视对于长江流域及航道的生态环境保护工作，随着国家长江经济带战略的逐步实施，环境保护工作的重要性也日益明显。在长江经济带整体发展战略中，绿色发展显得尤为重要。为落实国家发展战略的要求，长江航道的环境保护目标也逐渐提高。因此，生态环境部逐步开展了一系列的工作，从立法、污染源防控等角度提出了长江航道环境保护的要求。

4.4.1 长江生态环境保护的法治建设

长江生态环境保护工作要坚持以习近平生态文明思想为指引，全面贯彻习近平总书记关于长江保护的重要指示要求，在法治层面，加快长江保护立法进程，形成长江生态环境硬约束机制，用法律武器保护长江。

“长江保护法”是一部保护长江全流域生态系统，推进长江经济带绿色发展、高质量发展的专门法和特别法。在立法中要找准定位，突出重点。一是明确立法目的和法律适用范围，增强法律的针对性、科学性、有效性；二是系统设计和安排各项制度，把最基本、最重要的制度用法律形式规范和确立下来；三是统筹国土空间规划和资源开发利用，避免盲目过度开发和无序建设；四是把修复长江生态环境摆在压倒性位置，采取有效措施加大生态修复和保护力度；五是推动结构调整、促进转型升级、鼓励技术创新，为长江经济带绿色发展提供法律保障；六是加强水源地保护和应急备用水源建设，确保饮用水绝对安全；七是建立统一高效、协调有序的管理体制，形成修复保护发展的工作合力；八是规定更严格、更严密的法律责任，依法严惩违反法律规定、破坏生态环境的行为。

同时，在立法过程中还要深入调查研究，广泛听取各方面意见建议，集思广益，凝聚立法共识，让党中央放心、让人民群众满意。目前，国家及生态环境部已加快“长江保护法”的起草工作，它的制定将为长江的生态环境保护提供有力保障。

4.4.2　长江入河污染源的控制

生态环境部于 2019 年启动了长江入河排污口的排查工作。排查为长江环境保护在入河污染源的控制方面指明了方向。

（1）长江入河排污口排查整治工作是长江保护修复攻坚战的引领性、标志性任务。因为这项工作没有经验可循，为确保排查整治工作取得实效，必须先采取试点先行与全面铺开相结合的方式，压茬式推进工作。通过试点尽快掌握典型城市入河排污口情况，全面摸清技术难点与工作难点，待形成行之有效、可复制、可推广的工作程序和规范后，在其他城市全面铺开。

（2）长江入河排污口排查工作是认真落实党中央、国务院决策部署的具体举措。以改善长江水环境质量为核心，坚持“水陆统筹，以水定岸”，扎实推进排查、监测、溯源、整治四大任务，实现“有口皆查、应查尽查”的目标，全面摸清长江入河排污口底数，推动形成权责清晰、监控到位、管理规范的入河排污口监管体系，为长江水环境质量改善奠定基础。

（3）排查工作不局限在现有的对于排污口的管理要求和技术规范上，不限定现有对排污口的定义和分类。排查分三级：一级排查是通过卫星遥感、无人机航测，按照“全覆盖”的要求开展技术排查，分析辨别疑似入河排污口；二级排查是人工徒步现场排查，组织工作人员对排查范围内汇入河流、河涌、溪流、沟渠、滩涂、湿地、潮间带、岛屿、码头、工业聚集区、城镇、暗管、渗坑、裂缝等开展“全口径”排查，核实确定入河排污口信息；三级排查是对疑难点进行重点攻坚，进一步完善入河排污口名录。

4.4.3　长江保护修复攻坚战行动计划

为明确长江生态环境保护的具体工作，2019 年 1 月，生态环境部发布了《长江保护修复攻坚战行动计划》，提出了后续的主要工作要求：强化生态环境空间管控，严守生态保护红线；排查整治排污口，推进水陆统一监管；加强工业污染治理，有效防范生态环境风险；持续改善农村人居环境，遏制农业面源污染；补齐环境基础设施短板，保障饮用水水源水质安全；加强航运污染防治，防范船舶港口环境风险；优化水资源配置，有效保障生态用水需求；强化生态系统管护，严厉打击生态破坏行为。这些专项行动计划也为长江航道的生态环境保护工作指出了方向。

生态环境部从长江航道环境保护立法要求、陆源污染防治等方面提出了长江航道的环境保护工作要求。综合国家、地方、有关部委的要求，结合长江航道局的主要生产工作职责与环境保护工作职责，国家政策层面对于长江航道环境保护工作的要求主要体现在长江航道法制建设、航道工程生态化、基础设施环保达标、航道运行维护装备技术与方式转型升级、科技创新与成果应用等方面，这些要求也是在制定长江航道环境保护工作总体战略时的重点参考依据。

第5章　新时期长江航道环境保护总体战略制定

5.1　战略基础

5.1.1　工作基础

随着长江经济带发展战略全面实施和生态文明建设加快推进，长江航道的环境保护工作也日益受到重视，要把生态环境保护摆上优先地位，用改革创新的办法抓好长江生态保护，确保一江清水绵延后世。近年来，长江流域开展了一系列环境保护工作，取得了一定的成绩，为进一步落实国家长江生态环境保护的政策奠定了良好的工作基础。

（1）水资源保护取得明显成效

长江是中华民族的生命河，多年平均水资源总量约 $9\ 958\times10^8\ m^3$，约占全国水资源总量的35%。每年长江供水量超过 $2\ 000\times10^8\ m^3$，保障了沿江4亿人生活和生产用水的需求，还通过南水北调惠泽华北、苏北、山东半岛等广大地区。扬州江都和丹江口水库分别是南水北调东线一期、中线一期工程取水源头区，规划多年平均调水量分别为 $89\times10^8\ m^3$ 和 $95\times10^8\ m^3$。

（2）生态环境管理制度不断完善

长江防护林体系建设和退耕还林还草等政策的实施，为长江永葆生机发挥了重要作用。最严格水资源管理制度考核、重点流域水污染防治规划考核和城市空气质量评价考核制度日益深化，初步形成生态环境保护硬约束。长江三角洲地区大气污染防治协作机制的建立，促进了区域空气质量逐步向好。

5.1.2　问题与压力

（1）生态环境保护形势严峻

流域整体性保护不足，生态系统破碎化，生态系统服务功能呈退化趋势。上、中、下游地区资源、生态利益协调机制尚未建立，缺乏具有整体性、专业性和协调性的大区域合作平台。近20年来，长江经济带生态系统格局变化剧烈，城镇面积增加39.03%，部分大型城市城镇面积增加显著。农田、森林、草地、河湖、湿地等生态系统面积减少。岸线开发存在乱占滥用、占而不用、多占少用、粗放利用等问题。中下游湖泊、湿地萎缩，洞庭湖、鄱阳湖面积减少，枯水期提前；长江水生生物多样性指数持续下降，多种珍稀物种濒临灭绝，中华鲟、达氏鲟（长江鲟）、胭脂鱼、“四大家鱼”等鱼卵和鱼苗大幅度减少，长江上游受威胁鱼类种类占全国总数的40%，白鳍豚已功能性灭绝，江豚面临极危态势。外来有害生物入侵加剧。

（2）生态环境压力持续增大

长江航道涉及我国地理三大阶梯，资源、环境、交通、产业基础等发展条件差异较大，地区间发展差距明显，但沿江工业发展各自为政，依托长江黄金水道集中发展能源、化工、冶金等重工业，上、中、下游产业同构现象将愈发突出，部分企业产能过剩，一些污染型企业向中上游地区转移。

水生生态环境状况形势严峻。长江航道每年接纳废水量占全国的1/3，部分支流水质较差，湖库富营养化未得到有效控制。中下游湖泊、湿地功能退化，江湖关系紧张，洞庭湖、鄱阳湖枯水期延长。长江水生生物多样性指数持续下降，多种珍稀物种濒临灭绝。

5.1.3 战略机遇

习近平总书记对长江经济带生态环境保护工作的重要指示，确立了长江流域生态环境保护的总基调，统一了思想认识。国家高度重视长江航道生态环境保护，出台实施《长江经济带发展规划纲要》，明确了长江经济带生态优先、绿色发展的总体战略。生态文明体制改革加快推进，为破解长江航道生态环境管理破碎化难题，促进整体性、系统性保护提供了有利契机。全社会环境保护的意识日益提升，生态环境保护的合力逐步形成，为长江航道环境保护与管理水平提升奠定了社会基础。

近年来，国家交通运输部、生态环境部等部委也推出了一系列举措，要求加强长江生态环境保护，并结合长江水运发展，提出了长江航道绿色发展、资源可持续利用等生态环境保护需求。生态环境部从加强长江环境保护立法、严格控制长江沿岸入河污染源、流域多部门联合行动、开展长江保护攻坚战行动等方面，为长江流域及长江航道的环境保护工作指明了具体方向。

总体来看，长江航道环境保护工作形势严峻，挑战与机遇并存，要充分利用新机遇新条件，妥善应对各种风险和挑战，全面推动大保护，实现长江航道的绿色发展。

5.2　指导思想与基本原则

5.2.1　指导思想

高举中国特色社会主义伟大旗帜，全面贯彻党的十八大和十八届三中、四中、五中、六中全会精神，以邓小平理论、“三个代表”重要思想、科学发展观为指导，深入贯彻习近平总书记系列重要讲话精神，围绕统筹推进“五位一体”总体布局和协调推进“四个全面”战略布局，牢固树立和贯彻落实创新、协调、绿色、开放、共享的发展理念，坚持生态优先、绿色发展，以改善生态环境质量为核心，坚持“一盘棋”思想，严守资源利用上线、生态保护红线、环境质量底线，建立健全长江生态环境协同保护机制，坚持生态优先、绿色发展，以推进供给侧结构性改革为主线，以长江生态环境承载力为约束，以资源节约集约利用为导向，以绿色航道、绿色船舶、绿色运输组织方式为抓手，努力推动形成长江航道绿色发展方式，促进长江航运绿色循环低碳发展，更好地发挥长江黄金水道综合效益，为长江经济带经济社会发展提供更加有力的支撑，努力把长江航道建设成为水清地绿天蓝的绿色生态廊道。

5.2.2　基本原则

（1）生态优先，绿色发展。尊重自然规律，坚持“绿水青山就是金山银山”的基本理念，从中华民族长远利益出发，把生态环境保护摆在压倒性的位置，在生态环境容量上过紧日子，自觉推动绿色低碳循环发展，形成节约资源和保护生态环境的产业结构、增长方式和消费模式，增强和提高优质生态产品供给能力。

（2）统筹协调，系统保护。以长江干支流为经脉，统筹上、中、下游，统筹水资源、水生生态、水环境，发挥水资源综合效益，构建区域一体化的生态环境保护格局，系统推进大保护。

（3）改革创新，引领发展。立足国家战略，着力推进供给侧结构性改革，紧紧依靠制度、科技和管理创新，积极培育绿色发展新动能，加快长江绿色航运发展，引领全国航运发展，充分发挥长江黄金水道在长江经济带综合立体交通走廊中的主骨架和主通道作用，在长江经济带生态文明建设中先行示范。

（4）全面推进，重点突破。从战略规划着眼，强化长江绿色航运发展顶层设计。加强统筹谋划，把绿色发展理念融入航运发展的各方面和全过程，从生态保护、污染防治、资源节约、节能降碳等方面全面推进绿色发展。坚持目标导向、问题导向，围绕关键领域和重点环节，实施专项行动，开展试点示范，实现率先突破。

（5）综合施策，分类指导。坚持优增量、调存量，综合运用改善结构、整合资源、提升标准、强化监管等多种措施，不断提升基础设施、运输装备的节能环保水平。既统筹推进协调发展，又结合实际，根据沿海内河、干支流特点，分类提出科学合理的目标要求。

5.3 新时期长江航道环境保护工作目标和战略任务

5.3.1 环境保护形势分析

（1）长江航道发展对水生生态系统有一定影响，但基本可控

鉴于目前航道开发面临的外部环境日趋复杂，存在与河势控制、岸线利用、生态保护等多方面的协调问题，需在深刻认识面临的问题和形势的基础上，从战略层面，重新审视航道开发规划的规模和强度。

（2）长江生态环境地位极其重要，近年来水生生态保护形势严峻且迫切

长江拥有丰富完备且独特的生态系统，是我国重要的生态宝库；水源涵养功能重要，是中华民族战略水源地；具有重要的水土保持、洪水调蓄功能，是生态安全屏障区。

近年来，受水利工程、水域污染、过度捕捞、航运发展、挖砂采石等影响，生态问题较为突出，生物多样性指数持续下降，特别是珍稀特有物种全面衰退，白鳍豚、白鲟已功能性灭绝，中华鲟、江豚等濒危，“四大家鱼”种鱼苗发生量与20世纪50年代相比下降了97%。加之流域整体性保护不足，生态系统破碎化、功能退化趋势加剧。

污染物排放量大，风险隐患多，饮用水安全保障压力大。重点区域发展与保护矛盾突出，环境污染形势严峻。多种因素叠加，长江河流生态作用不断丧失，水生生物物种种类下降，自身缺乏恢复能力或恢复缓慢，人类活动的不利影响有加剧趋势。

沿江各地加快发展意愿强烈，重工业沿江集聚并向上游转移势头明显，绿色发展相对不足。水电开发规模持续加大，水生生态保护形势严峻。危险化学品运输量持续攀升，交通事故引发环境污染风险增加。生态环境压力持续加大。

（3）长江经济带、“一带一路”倡议的相继实施，为全面保护和修复长江水域生态环境带来了历史性机遇，也对航道发展提出了新的要求

《长江经济带发展规划纲要》提出必须坚持生态优先、绿色发展的战略地位。习近平总书记明确指示，“当前和今后相当长一个时期，把修复长江生态环境摆在

压倒性位置，共抓大保护、不搞大开发”。生态文明建设上升为国家战略，为长江生态文明先行示范带建设提供了有利契机。“一带一路”倡议的实施将显著提升国际影响力，促进区域生态环境保护水平大幅度提高。

按照中央加强生态文明建设和推动长江经济带发展的总体部署，长江生态修复要坚持生态优先、绿色发展的基本原则，着力破解长江生态难题，加大投入力度，强化生态修复，加强执法监管，落实保护责任，全力拯救长江珍稀濒危物种，全面遏制长江物种衰退和生态恶化趋势，有效恢复长江生态功能。在此大环境下，加大长江保护力度势在必行，航道开发强度也应综合考虑，确定合理的规模。

（4）长江航道管理部门在多年的航道整治工程中积累了一定的环境保护经验

“十三五”以后，在国家政策支持下，航道管理部门开展了一系列的生态保护实践和研究工作，积极推广了分期实施、避开鱼类产卵期施工、铺设生态护坡砖、生态固滩、投放鱼巢砖、增殖放流等生态保护恢复措施。上述措施经验的积累和研究，能积极指导今后航道整治工程的开展，为后续航道规划的实施奠定了基础。

5.3.2　长江航道环境保护工作目标

结合长江航道环境管理现状，长江航道环境保护分为近期（2022 年）和远期（未来 5~10 年）工作目标。

5.3.2.1　近期目标

（1）到 2022 年，基本完善长江航道环境保护工作制度，长江航道局及下属各航段航道局在 2022 年之前，建立各自的环境保护工作与管理制度，明确管理部门、工程建设部门的各自环保工作内容与职责，建立环境保护工作奖惩制度，初步构建以长江航道局为核心，下属各航道局相互协调配合的环境保护工作机制。配合国家相关部门完成“长江保护法”等相应法律法规的制定工作。

（2）到 2022 年，建立长江航道生态规划工作体系，形成长江航道发展建设规划生态环境论证技术方法与流程，初步制定生态环境影响论证评审机制及专家库，提高环境保护在长江航道发展中的战略定位。

（3）到 2022 年，初步构建航道运行维护建设工程生态环保对策。在《长江干线航道建设环保工作指南》的基础上，按照目前国家加强环境事后管理监督的政策，针对生态航道、码头基地、船舶装备、疏浚维护等工程的事前、事中、事后不同阶段，制定各自的环境保护对策措施，形成完善的环保措施制度，为后续各项工程的开展提供依据。同时，在环保措施制定的过程中，结合国家最新法律规范的要求，加强航道运行维护的环境保护措施执行监管力度，推动各项措施的有效落实。

（4）初步实现长江航道基础设施环保化、生产装备绿色化。到 2022 年，长江航道局所属的航标，初步实现岸上维护，杜绝航标维护产生的污水、固体废弃物入江现象；对于废弃航标及其配件，100%实现上岸回收；实现机动船油污水处理设备全面运行，对于无运行条件的船舶，实现100%委托具备相关资质的第三方单位接收处置，杜绝船舶油污水违规排放；航道维护船舶配置生活污水处理装置或污水储存箱，初步形成生活污水存储能力；维护船舶100%配置垃圾桶、垃圾袋等固体废弃物收集装置，全面实现垃圾分类收集，并全面落实固体废废物第三方处置。积极拓展现有长江航道基础设施的环保功能，初步构建长江航道水质在线监测与预警系统构建，实现对于长江航道水质的实时监控，实现对航道水质信息第一时间获取，提升长江航道基础设施的环保化水平。

（5）初步实现长江航道运行养护环保合规化运行。到2022年，全面禁止机动船、非机动船日常油漆保养、小修零修多在码头前沿水域或利用自然岸坡进行，以及水上露天作业；提升综合业务码头及航标维护基地利用效率，对于现有的维护基地，配置相应的工业污水、粉尘净化处理设备和油漆等挥发性气体收集处理设备；落实维护基地各项环保手续，配置工作人员，实现80%的船舶、航标维护基地具备运转能力。基本实现船舶、航标维修保养方式转变，标志船、浮鼓基本落实改用高品质环保油漆，船舶、航标维修保养实现集中采购，定点维修，初步实现废旧航标器材、电池、电子元器件等集中处理；初步实现航道疏浚环保化，开展环保型疏浚船、疏浚土综合利用、抛泥区选划与监测等航道疏浚应用研究，逐步进行工程示范。

（6）初步建立长江航道环境保护信息化工作框架体系。完成电子航道图环境保护功能拓展，初步构建数字航道基站、水体在线监测、虚拟航标、航道视频监控等信息化框架体系建设工作。推动实现电子航道图的统一生产和统一发布，初步形成全线统一的电子航道图管理体系，为长江航道局提供权威的长江电子航道图数据服务，优化航道养护效率，初步实现节能减排目的。

（7）积极开展科技创新与成果转化。制定未来3年的科研创新计划，有步骤、有计划地推动航道污染物处置能力提升与工艺改进，深入开展船舶纯电推动技术、航道整治工程中的生态结构建设技术、船舶生活污水处理与收集技术、生态型航标器材研发、疏浚土综合利用与环保型疏浚船舶开发等一系列新技术的研发。通过设置专项资金、加大宣传力度等方式，鼓励新技术的成果转化。进一步提升航道运行维护过程中的污染物处置能力，降低船舶能耗与污染物排放水平，保证长江航道环境质量。

5.3.2.2 远期目标

（1）未来5~10年内，形成完善的长江航道局及下属各航段航道局环境保护工作与管理制度，构建长江航道局与下属单位的环境保护工作衔接沟通机制，形成长江航道环境保护法律法规信息管理机制，实现国家、地方、部委等不同层面航道环境保护相关政策法规的分类、更新、宣传机制，实现长江航道局对于航道环境保护国家相关法律要求的及时响应。

（2）制定完善的长江航道发展规划及建设规划的生态环境影响论证评审机制，明确以提升航道绿色发展水平为标尺，落实加强航道建设发展前期规划的生态环境保护与管理，从源头推动航道规划生态环境保护，实现长江生态保护与航道协调发展的目标。

（3）形成完善的航道运行维护建设工程生态环保对策。编制落实事前、事中、事后各自的环境保护对策措施。

（4）针对航道维护新标准和新要求，着力于支持保障船舶的填平补齐和升级换代，进一步提高船舶、航标绿色化装备科技水平，开发适应于智能化、生态化的现代化航道的信息化程度高、技术性能先进、操作性能优良、高效、节能、环保的维护船舶、航标建设等，适时更新技术条件较差、能耗较高以及超龄船舶，根据航道维护尺度和疏浚量的变化调整疏浚船舶的布局和船型结构，至 2030 年长江航道船舶装备能力完全适应航道保障的需要。

（5）全面实现长江航道运行养护环保合规化运行。实现船舶、航标维护基地全部具备运转能力。全面实现船舶、航标维修保养方式转变，完成抛泥区建设与监测示范工程运行，并进行全面推广，实现环保型疏浚船的应用与示范。

（6）形成完善的长江航道环境保护工作信息化管理平台。完善电子航道图环保信息系统构建，形成完善的长江航道环境保护管理信息系统，实现长江航道环境质量基础信息、长江航道环保手续管理、环境风险预防、下属各航段环保工作交流、环境保护教育与培训、国家相关政策更新、各类违法处罚案例等内容的信息化管理，全面实现长江航道环境保护工作的信息化管理。

（7）完善环境保护与管理工作人员配置。实现环境保护工作的专业化人员配置，未来 5~10 年，长江航道局与各航段分局各配置 2~3 名环境保护专业人员，实现环境保护专业化管理。

5.3.3　新时期长江航道环境保护工作战略任务

5.3.3.1　加强长江航道相关法制建设

我国现有的航道专业法律规范层次较低，法律效力也较低，在一定程度上已不能适应航道科学发展和依法治航的需要。当务之急是加快航道立法步骤，尽早出台相应的法律法规，提高航道专业法律规范层次。长江航道局应结合国家生态文明建设与“长江大保护”精神，积极落实国家航道环境立法的需求，加强长江航道相关法制建设。把法治要求贯穿到长江航道建设、维护、管理、安全生产、应急和船舶污染防治等各个领域。积极做好协调配合，促进“长江保护法”尽早出台，及时开展配套法规研究制定的协助工作，积极参与和支持国家相应的法律法规制定。结合长江航运发展趋势，提出长江航道立法相关建议，鼓励各区域结合实际，呼吁加快完善航道、船闸、维护基地、航道安全监督和应急处置等地方性内河水运法规。

在积极参与国家相应法律法规制定过程中，处理好长江航道保护与航运发展的关系、经济发展与生态保护的关系、区域差异与协同治理的关系、国家政策与国家法律的关系、问题导向与长远谋划的关系等多方面的关系，找准定位，突出重点，将长江航运发展现状纳入立法要素中，将新发展理念、可持续发展理念贯彻法制建设始终，在立法目的、法律原则、具体规范等中都有所体现，完善长江航道法制制度。

5.3.3.2 加强长江航道生态环保规划

完善长江航道生态规划体系，强化规划引领。在涉及长江航道相关规划的编制过程中，注重对于航道生态环境保护的专项论证，规划通盘考虑中增加生态环保的专项篇章内容。要加强长江航道相关规划中生态环保的研究与内容制定，根据国家“长江大保护”的总体要求，结合区域经济社会发展，加强航运发展相关规划中生态环境保护内容的编制与修编工作，按照发展规划先行、建设规划在后的顺序，完善长江航道相关规划中的生态环保要求，突出规划引领作用。加大重点项目前期工作力度，注重生态环保内容论证工作，保障规划顺利实施。

把生态保护贯穿于长江航道规划、建设、养护的全过程，坚持生态优先一步不让，绿色发展的积极性半分不松，着力做好生态修复、环境保护和绿色发展三篇大文章。

5.3.3.3 提高长江生态航道建设力度

坚持以科学发展观为指导，提高长江生态航道建设力度。以加快长江航道现代化建设为主题，加快生态航道建设为重点，推动长江航道生态绿色低碳发展，力争实现“航道建设生态化、航道养护低碳化”，充分挖掘长江航道的潜力，进一步提高航道通过能力，为沿江社会发展和打造长江国家经济带提供优质、高效的现代化航道服务。

加强对航道建设、整治工程前期环境影响评价制度管理，严格落实国家环境保护法律、法规条文。长江航道建设、整治工程在规划、项目的具体实施阶段，要开展环境影响评价工作，注重生态环境保护对策措施的论证，从整治工程、装备建设、节能降耗等方面提出可行的生态环保措施；工程的设计阶段进行环境工程设计，严格对照生态环境保护内容，落实设计、环评及环评批复中的环境保护措施，保障生态航道建设前期阶段各项措施的科学、准确。

航道建设、整治工程施工期间，严格按照国家要求开展环境监理与环境监测工作，对建设项目实施环境跟踪监测。确保工程前期提出的各项生态航道建设工程落实到位，分析工程施工期间对于长江航道的生态环境影响。

提升航道工程生态化程度。航道建设坚持科学发展，将生态和环保理念融入工程施工中，不断引进国外在航道系统整治方面的成熟施工技术、工艺和材料，并研究提出新结构、新材料、新工艺，力争将航道工程施工对生态的影响降低到最小，维护流域生态完整性、系统性、多样性，维护保障河流水质安全。

进一步加强航道建设、整治工程运行后各项生态环保措施的有效运行。加强航道运行养护、节能减排等方面的新技术研究、新成果应用，推动清洁能源的全面利用；重视航道运行阶段的累积生态环境影响分析，定期对长江航道生态、水质等指标跟踪监测，掌握长江航道水、气等环境要素的变化情况以及水生生物的变化特征。

推动船舶工程生态化。积极落实长江干线船型标准化总体实施方案，建造标准船型，提高船舶绿色性能和安全技术性能；进一步研究提出船舶防污染标准，大力推广先进的船舶防污等环保技术；形成规模适度、功能互补、结构合理、安全可靠、高效环保的航道支持保障船舶装备体系，实现高度自动化、智能化。

5.3.3.4　推动长江航道基础设施环保化

重视长江航道内涉及生态红线、环境敏感区域的码头、基地环保整改工作；明确码头基地站点布局，积极推进长江航道管理范围内涉及生态红线范围内码头基地的整合搬迁改造工作，重点解决码头保留多少，如何调整搬迁、实施环保改造等问题及完善相关手续。

对全局航道工作码头、航标维护基地等设施状况、使用情况、存留必要性、整改需求等加强调研，结合码头基地布局规划、船舶及航标维修模式改进，提出改造升级建议，减轻当前环保方面的突出矛盾。

积极拓展现有长江航道基础设施的环保功能，依托现有航标、GPS基站等基础设施，增加相应生态环境工作服务功能，为航道生态环保工作提供基础数据、管理决策。

5.3.3.5　推动长江航道生产装备绿色化

结合长江航道智能化、生态化发展方向，针对航道维护新标准和新要求，着力于支持保障船舶、航标的填平补齐和升级换代，进一步提高船舶、航标灯生产装备的自动化、信息化、绿色化水平和装备科技水平。构建规模适度、功能互补、结构合理、安全可靠、高效环保的长江航道生产装备绿色化建设体系，基本满足长江航道生产维护的绿色化发展需求，推动航道船舶、航标科技水平和环保效率的进一步提升，有效促进长江航道生产装备的低碳环保技术发展。

加强长江航道生产装备的新技术、新材料研究应用，减少船舶、航标的污染物产生与排放。加强对于船舶含油污水、生活污水、废弃航标浮具、航标电池等航道生产过程所产生污染物的处置与监督。积极开展船舶生活污水处置、维护船舶卫生间改造、虚拟航标、生态型航标、船舶垃圾分类处置等新技术、新标准的研究与推广，减少生产装备污染物的产生。

加强适应智能航道运行下的长江干线航道维护管理船舶（包括各型航标船、航道测量船、航道维护快艇）的建设，逐步实现维护管理船艇总体配置目标。加大适应长江下游航标维护要求的大中型航标船建设力度。适时更新部分老旧测量船和升级船舶测量技术装备，提高测量船测量精度和效率；逐步将各基层单位的快艇配置到位，结合各河段特点优化快艇船型结构；加强新型维护管理船舶在目前配置河段的适应性分析研究工作，优化长江干线航道维护管理船舶的布局。

积极落实长江航道船舶、航标标准化方案制定，提高长江航道生产装备的运行效率和绿色化水平。大力推广先进的船舶防污、新材料航标等环保技术，形成规模适度、功能互补、结构合理、安全可靠、高效环保的航道支持保障生产装备绿色化体系。

5.3.3.6 重视长江航道运行养护环保工作

重视航道运行养护期间生态环境累积影响，积极补充、完善长江航道环境信息监测分析能力与装置设备，推动实现航道运行养护期间环境数据收集与分析，增强长江航道环保工作的数据支撑。

研究建立长江航道运行养护生态化管理机制，确保生态化管理理念深入日常的航道养护工作，完善航道养护与管理和综合工作体系，完善码头基地、维护中心的环保工作与措施，提高码头基地的使用效率。

5.3.3.7 加强船舶、航标等装备保养环境保护工作

进一步加强长江航道运行养护过程中的环境保护工作，严格按照国家环境影响评价制度中的环保要求，落实航道优化调整、航道疏浚、航标调整等工作中的各项环保措施。积极实施环保疏浚；积极采用环保疏浚技术，大力探索疏浚土综合利用。

及时根据航道发展情况开展航道维护疏浚需求的变化相关研究，进一步加强长江航道维护疏浚船舶开发和建设力度，提高疏浚船舶环保标准，加大超期服役挖泥船报废更新力度，使航道维护疏浚力量与长江航道维护标准进一步提高后的生态环保要求相适应。

遵循“减量化、再利用、资源化”原则，积极探索资源回收和废弃物综合利用的有效途径。大力推广应用节水节材建设工艺，实现资源的减量化。积极开展疏浚、航标维护等工作中的新技术应用，通过优化工艺降低航道环境影响。探索在航道整

治工程中结合洲滩重塑、整治功能区构造，建设临时纳泥区、长期储泥区等，解决疏浚运行中的长期矛盾。加强疏浚船舶挖运吹工艺的研究和改进，积极探索生态固滩、湿地营造、固堤造陆、建筑材料等多渠道利用疏浚土。

5.3.3.8 重视长江航道装备设备维修保养过程环境保护工作

严格落实国家环保政策法规，加强对于船舶、航标、GPS 基站等长江航道生产设施维护过程的环保监管，全面杜绝维修保养水上作业，加强长江航道装备维护保养工作环保达标性和污染物排放的监督检查，坚决制止和纠正违法、违规行为。

严格执行交通建设规划和建设项目环境影响评价、环境保护“三同时”和建设项目水土保持方案编制制度。在装备维护保养过程中提倡生态环保设计，严格落实环境保护、水土保持措施，加强植被保护和恢复、表土收集和利用、取弃土场和便道等临时用地生态恢复。推进绿化美化工程建设。加强施工期间环境保护工作，确保施工期间污染物排放达标。加强交通基础设施建设、养护和运营过程中的污染物处理和噪声防治。

5.3.3.9 提高长江航道信息化工作水平

全面推动长江航道由传统人工管理模式向数字化、信息化管理模式转型，提升长江航道建设监管的动态化、航道养护的低碳化、航道管理的便捷化水平。

加强航道信息采集能力建设。推动各类航道要素信息数字化采集工作，开展航标、水位、典型河段监控、航道整治建筑物等要素监测装备的优化布局，适应实时监测的需要；逐步落实重点航道区域视频监督、社会船舶等长江航务系统外单位数据的可靠接入，打造完整的数据采集、管理保障体系。

完善航道养护与管理信息化能力，持续推进航道养护的模式转型、提高航道管理的效率、提升航道服务品质。拓展长江数字航道建设的内部应用系统的功能和支撑的业务域，建设覆盖规划决策、建设监管、养护调度、日常管理、应急打捞等全部业务的航道信息系统，通过信息化分析决策优化长江航道生产养护工作方式，优化船舶运行维护作业，促进航道生产维护过程的节能降耗；完善长江电子航道图系统，扩展环境保护系统应用和服务能力；加大高精度定位基准建设，推动建立 GPS 和“北斗”系统兼容的、覆盖长江干线的、适应不同业务需求的位置服务基础设施，为船舶航行、航道信息采集和服务等提供高精度定位服务，全面提升长江航道信息化工作水平。

提升长江航道环境保护与管理工作信息化水平。以“互联网、内网、专网”三大网络资源平台为依托，加强环境保护与管理信息基础设施建设，促进长江航道环境信息资源整合共享，强化航道生态环境信息化工作统筹管理，不断提升信息化在环境保护各项工作中的作用效能。

5.3.3.10 加强长江航道生态环境风险防范与应急能力建设

防范沿江码头基地环境风险，完善长江航道码头及维护基地环境基础设施。推进码头基地含油污水、生活污水、废气、固体废物等污染物的接收处置设施配置。逐步配置污染物接收设施，做好与城市公共转运、处置设施的衔接。

逐步加强突发环境事件应急能力建设。按照国家要求落实长江航道相关单位突发环境事件应急预案编制、更新及培训演练工作。加强长江航道相关建设生产单位以及下属沿江码头基地的环境应急物资储备。积极应对可能发生的突发环境事件，有序、高效地组织指挥事故抢险救援工作，建立健全突发环境事件应急机制，预防潜在事故发生。

5.3.3.11 推进长江航道科技技术进步与成果应用

加强长江航道绿色发展新技术、新材料、新工艺在生态环境保护领域的技术创新，优先支持重点节能环保技术和产品的推广应用。开展船舶尾气后处理、大功率液化天然气-柴油双燃料动力设备、过鱼设施、船舶污染接收处置设备等重大装备与关键技术研发。重视开展长江生态保护修复技术研发，加强珍稀濒危物种保护及其关键生境修复技术攻关。

优化长江航道环境管理体制，推动长江航道环境保护与管理体制创新，整合各方科技资源，创新环境保护与管理服务模式。结合目前国家对于加强建设项目事后管理的环保模式转变，创新长江航道生态环保工作机制，创新完善建设、装备、运行、管理等环保工作制度、标准、规范等，推进基层环保工作，强化环保措施落实和环保设备日常运行，提升长江航道环保工作水平。

加强科技成果应用推广，推进原始创新、集成创新，重视引进消化吸收再创新。切实提高科研成果、专利技术的应用水平，在长江航道建设与环境保护中依靠科技创新，积极推广应用新技术、新工艺、新材料，降低工程造价，减少维护成本。促进航道运行维护基础设施及装备污染控制与治理科技重大专项等科研项目成果转化。逐步降低长江航道建设维护过程中产生的环境污染，促进实现长江航道生态化、绿色化、低碳化发展。

5.4 长江航道环境保护工作对策建议

5.4.1 长江航道相关法制建设对策建议

（1）长江航道局作为长江航道主要管理部门，在配合国家关于航道法制建设的过程中，积极落实国家的各项要求，宣传与推广国家关于长江保护的方针和政策，解放思想，实事求是，确立保护优先、绿色发展，在保护中发展和在发展中保护的长江航道法制建设原则。

（2）建议“长江保护法”在立法过程中，立足长远，根据国际上流域治理、大河治理的法律经验，在立法时提前予以体现，通过前瞻性立法进一步夯实长江保护的法制基石。例如，在莱茵河治理中，为维护莱茵河良好水质和生态环境，各类理事会、行业协会等非政府组织广泛参与重要决策；在密西西比河治理中，通过加强政府和社会的合作，取得良好的治理效果。由此，流域的开发、利用与治理形成以共同参与为基础的良性机制，激发了社会活力，提高了治理效能。“长江保护法”可考虑将公众参与制度写入立法，鼓励环保志愿者服务，引导社会公益基金对长江航道保护的支持。

（3）建议在“长江保护法”等相关法律制定过程中，加快航道立法步伐，推进依法治航进程。建议在《航道法》修编过程中，尽量与刑法对接，对阻碍航道或者严重破坏航道设施给国家带来严重经济损失的，应追究其刑事责任。建议清理现行法规、修订不能完全适应航道发展需要的法规、废止过时的法规，形成多层次的航道保护法律规范体系，使航道建设与航道环境保护有法可依，增加国家长江航道保护法律法规的可操作性。

（4）建议国家在长江航道相关法律制定过程中，理顺航道管理体制，排除地方保护主义对航道管理的影响。长江航道局应积极配合并参与协调航道管理部门关系，做好沟通，争取形成合力。

（5）建议“长江保护法”在立法中突出重点。一是明确立法目的和法律适用范围，增强法律的针对性、科学性、有效性；二是系统设计和安排各项制度，把最基本、最重要的制度用法律形式规范和确立下来；三是把修复长江生态环境摆在压倒性位置，采取有效措施加大生态修复和保护力度；四是推动结构调整、促进转型升级、鼓励技术创新，为长江经济带绿色发展提供法律保障；五是加强水源地保护和应急备用水源建设，确保饮用水绝对安全；六是建立统一高效、协调有序的管理体制，形成修复保护发展的工作合力；七是规定更严格、更严密的法律责任，依法严惩违反法律规定、破坏生态环境的行为。

5.4.2　加强长江航道生态环保规划对策建议

（1）建议长江航道局在研究制定长江干线航道发展等相关规划的过程中，明确要以提升航道绿色发展水平为重要抓手，加强航道生态环境保护与管理，主动作为、深入推进生态航道建设，以推动长江生态保护与航道的协调发展。

（2）建议在航道发展相关规划的生态环保内容中，加强珍稀特有水生生物就地保护的研究工作。注重现有水生动物自然保护区和水产种质资源保护区保护，论证完善保护地的结构和布局的可行性，使典型水生生物栖息地和物种得到全面的保护。

（3）在规划生态环保分析内容中，加大长江航道内物种生境的保护力度分析。重点研究长江航道发展规划、建设规划对长江干流和支流珍稀濒危及特有鱼类资源产卵场、索饵场、越冬场、洄游通道等重要生境的影响，分析通过实施水生生物洄游通道恢复、微生境修复等措施，修复珍稀、濒危、特有等重要水生生物栖息地等。

（4）建议在对长江航道发展规划的审查过程中，增加对航道生态环境保护篇章的专项审查，提出生态环保的建议对策，为后续单个航道建设项目的环境影响评价、环境保护措施与工程提供依据。

5.4.3 提高长江生态航道建设力度对策建议

（1）建议在航道建设维护过程中加大生态环保技术措施。优先采用生态影响较小的航道整治技术与施工工艺，积极推广生态友好型新材料、新结构在航道工程中的应用。建议在航道整治工程建设和运营中采取修建过鱼设施、营造栖息生境和优化运营调度等生态环保措施；水下施工中，探索建设“生态涵养实验区”，利用水泥框架设计“人工鱼礁”，满足航道整治要求，又可以为水生生物和两栖动物提供安全的生存空间，为鱼类产卵繁殖提供良好的生态环境；建议在航道施工时间、地点的安排上，尽量避开清晨和江水大幅度上涨时段，避开“四大家鱼”亲鱼产卵繁殖期及苗种洄游期；在涉水建设区外围设置拦网、浮标挂网，工程船建议配置声呐驱赶仪，阻隔保护鱼类进入施工区，减少航道整治维护带来的生态环境影响。

（2）建议完善长江航道生态环境监测制度。在航道整治项目建设期间，坚持在项目立项和可行性研究阶段细致和及时了解航道建设及运行引起的水生生物变化，掌握水生生物变化的时空规律，预测可能的演变趋势，为总结航道建设经验积累基础数据，为长江水生生物多样性保护、水资源与生物资源协调发展提供科学依据；工程建设期间，对应环境影响评价等文件中要求的监测指标与频次，开展施工期航道生态环境质量监测工作，并分析工程对于航道大气、水质、生态等要素的影响；工程运行后，建议定期开展航道环境质量跟踪监测，分析航道维护等工作对于长江航道的损害程度。

（3）提升船舶污染物排放防治水平，对长江航道局参与航道建设与维护的船舶建议定期（2~3次/年）开展污染物排放达标监测工作。对船舶尾气排放、处理污水开展随机抽样检测工作，加强船用燃油联合监管，严格落实航道施工及维护船舶使用合规普通柴油、船舶排放控制区低硫燃油使用的相关要求。

（4）建议在航道维护过程中，增加无人机、无人船的使用频率。水上测量推广无人机的应用，陆上岸线测量加大无人机使用概率，减少航道维护工作中因船舶出行带来的尾气排放与污水产生；航道及航标运行状态的定期巡检、航道保护巡查、危险区域观测、库尾边滩淤变跟踪和航标配布优化等方面积极推广无人机应用；定期对航标报警系统进行维护，提高报警准确程度，降低维护船舶出航频次，进一步降低航道运行维护过程中的污染物排放与能源消耗。

5.4.4　长江航道基础设施环保化对策建议

（1）进一步推动长江航道内码头搬迁工作。按照国家最新要求，开展长江航道局管理范围内的沿江码头基地、航标维护中心搬迁需求梳理工作，明确涉及搬迁整改的码头、基地名单，制订搬迁计划，根据搬迁计划定期监督推进码头基地的搬迁工作。

（2）根据国家对于建设项目环境影响评价的最新要求，建议对长江航道局管理的沿江码头基地、航标维护中心开展环境现状问题核查工作。核查内容主要包括长江航道基础设施（码头、基地、维修中心）运行状况、环境保护制度文件齐全情况、产生主要环境影响、环保设施运行情况、根据国家最新要求应配置的环保设施、污染物接收处置情况等，分析长江航道基础设施运行中产生的环境影响与国家最新环保法律法规的合规性。后期对码头基地的环境保护工作整改开展定期监督及核查。

（3）建议结合长江航道内环境敏感目标的分布，选择部分现有航标及 GPS 基站，实施航道水质在线监测与预警系统构建工作，水质监测主要指标包括 pH 值、化学需氧量、氨氮、石油类等，实现对长江航道水质的实时监控，并配置水质超标预警功能。通过水质监测预警系统开发，保证长江航道环境管理人员对航道水质信息的第一时间获取与管理，提升长江航道基础设施的环保化水平。

5.4.5　推动长江航道生产装备绿色化对策建议

（1）建议分批开展长江航道生产维护船舶生活污水设备改造。积极配合有关单位做好长江航道局趸船生活污水处理装置实施工作。分阶段对 40 m 以上趸船、24 m 趸船开展生活污水处理设备改造工作。分批开展航道维护机动船生活污水设备改造工作，对部分机动船改造增加清水舱。建议机动船不再对油污水处理设备进行加装和改造，全部委托专业公司收集处理，逐步规范储存、收集签证工作。

（2）加强长江航道生产装备新工艺、新材料、新技术的研究。船舶方面，加强液化天然气等新能源动力船舶的研究应用，积极推动新能源和清洁能源作为船舶的动力燃料，减少船舶尾气排放污染；开展船舶环保型卫生间应用研究，研究环保卫生间的处理效果、处理周期、改造可行性等内容，降低船舶污水排放；结合地方对垃圾分类的要求，同步研究制定船舶垃圾分类处置指南。航标方面，开展免维护保养航标材料的研发，加强浮具新材料研发，降低航标维护、更换的次数；开发研究虚拟航标应用技术，构建数字化航标运行维护系统，实现航标在线管理，通过控制实际航标数量达到减少航标废弃物产生量的目标。

（3）建议研究制定长江航道趸船及维护机动船舶标准化指南，对现有非标准船和老旧船舶加快更新改造，鼓励使用符合国家引导方向的先进、高效、节能、环保的示范船。

5.4.6 长江航道运行养护环保工作对策建议

建议定期开展航道运行养护过程水生生态调查与监测。在航道运行养护期间，坚持全过程进行水质生态监测，细致和及时了解航道运行及养护引起的水生生物变化，掌握水生生物变化的时空规律，预测可能的演变趋势，为总结航道建设经验积累基础数据，为长江水生生物多样性保护、水资源与生物资源协调发展提供科学依据。

5.4.7 加强船舶、航标等装备保养环境保护工作对策建议

（1）建议针对航道疏浚沙开展理论研究，研究不同区域疏浚沙的粒径组成、理化性质，分析不同疏浚沙对环境的影响；结合各航段地区当地的环保、经济发展规划，研究疏浚沙的利用可行性，依托理论研究开展实际工程示范，积极进行推广应用，提高疏浚沙的利用效率。

（2）在抛泥区选择中开展环保专题论证工作，分析抛泥区对长江航道水质、生态等方面的累积效应，研究抛泥区在设置及后期运行过程中的生态环境监测方案，制定具体的监测方案，包括监测指标、布点方案、监测频次等内容。监测实施后进行数据的分析，研究抛泥区对周边环境的影响趋势，根据分析结果提出相应的环保措施。

（3）开展环保型疏浚船的技术研究，研究疏浚船信息化、环保化技术装备，进一步提高自动化、信息化水平和装备科技水平，开发适应于生态化、现代化航道的信息化程度高、技术性能先进、操作性能优良、高效、节能、环保的疏浚船舶，进一步减少炸礁活动及其带来的环境影响。

（4）根据长江航道整治建筑物竣工数量和维护工作量的增长情况，适当增加整治建筑物维护船舶建造，形成航道整治建筑物维护施工船舶体系，满足长江航道系统治理建成的整治建筑物维护施工需要。重点开发建设用于整治建筑物维护维修的水下工程质量检测船、铺排船、抛石（枕）船、筑坝船等。

5.4.8 航道装备设备维修保养过程环境保护对策建议

建议转变船舶、航标维修保养方式。加快船舶、航标维修保养方式转变，建议

3 年内全部实现上岸维修保养。建议长江航道局管理的标志船、浮鼓改用高品质环保油漆，每 3 年涂漆 1 次，每年轮换对 1/3 的浮标、浮鼓进行涂漆及维修保养。船舶按进厂维修保养周期选择高品质环保油漆，每 2~3 年维修保养 1 次；船舶、航标维修保养采取集中采购，实行定点维修，以解决部分碰损船舶、航标的临时维修；委托具备资质的单位，定期回收废旧航标器材、电池、电子元器件等，进行集中处理。

5.4.9　提高长江航道信息化工作水平对策建议

（1）建议加大水上测量船只无人化技术推广与应用，依托“北斗”导航系统、人工智能、5G 等在航运领域的创新应用，研究推广自主可控的航道测量无人化技术。在水深探测、航标维护、岸线测量等方面加大无人机、无人船的使用，降低航道测量船只的能耗与污染物排放。

（2）进一步完善数字航道建设，建议由长江航道测绘部门负责，在长江航道涉及饮用水水源、水生生物保护区等敏感区域设置视频监督系统，对长江航道环境敏感目标实现在线监控；开展虚拟航标在长江航道运行维护中应用、数字航道基站建设应用等方面的研究，提升数字化管理覆盖面；拓展现有数字航道系统功能，开展环境保护服务功能系统拓展，将环境敏感目标识别、航道重点区域环保提示、航道环境状况监测点位分布等功能纳入数字航道系统中，提高长江航道工作信息化范围，逐步实现航道养护远程管理和智能控制。航道变化通过监测和模拟分析实现提前预警，推动航道养护活动步入低碳化时代。

（3）建议开展长江航道保护与管理工作信息化模式转型，建议开展统一的长江航道环境保护与管理系统平台构建工作。新建环境保护与管理工作信息化运维综合管理系统。主要是指建设涵盖国家环保政策法规发布、航道环保手续管理、环境质量数据统计、不同部门环境保护工作对接等方面的综合运维管理系统，利用信息化的手段来管理长江航道环境保护与管理工作信息化的设备和系统，以信息化的手段实现对长江航道建设、运行、维护过程环境保护工作的可控、可管、可运营，实现运维管理的信息化、动态化，从而切实提高长江航道环境保护工作水平。

5.4.10　长江航道生态环境风险防范与应急能力建设对策建议

（1）建议长江航道局参与下属码头、维护基地生态环境风险防范工作，定期对码头基地生态环境保护措施进行抽查，检查各单位环境风险防范物资配置与人员机制设置是否完整，保证码头基地具备较为完善的生态环境风险防范能力。

（2）建议长江航道局对下属各单位开展监督管理，督促各单位定期组织突发环境事件应急培训与演练，认真学习环境风险事故应急内容，明确各自救援职责。通过培训演练，锻炼和提高相关人员在突发事故情况下的快速抢险救援，及时营救伤员、正确指导和帮助员工防护和撤离、有效消除危害后果、提高现场急救和伤员转送等应急救援技能和应急反应综合素质，有效降低事故危害，减少事故损失。定期进行演练，使应急人员更清晰地明确各自的职责和工作程序，提高协同作战的能力，保证应急救援工作有效、迅速地开展。根据演练结果，定期对突发环境事件预案进行更新，提升长江航道突发环境事件应急能力。

5.4.11 推进长江航道技术进步与成果应用对策建议

（1）建议开展长江航道水运建设环境保护成效总结，梳理近 5~10 年内长江航道建设养护过程中对环境保护工作具有显著成效的管理模式、技术应用、成果特点、发展趋势等内容，明确国家对长江航道生态环境保护的总体要求，总结各类环境保护技术的适用特性，对比分析国内外航道环境保护成功案例，总结长江航道环境保护工作的基础与后续发展需求，明确后续环境保护工作改进方向，为后续科技创新与成果应用提供指导依据。

（2）建议开展长江航道建设养护过程中污染物排放量与长江航道整体污染水平响应关系专项研究。分析长江航道建设养护全过程污染物的排放总量与排放特征，研究各类环境要素的影响关系。在此基础上，分析航道建设养护全过程污染物总量与长江航道污染物总体水平的占比关系，明确航道建设养护对于长江整体环境水平的影响程度，定性研究航道工程污染物对长江航道的总体影响水平及污染物变化趋势，为长江航道环境保护工作提供技术支撑。

（3）根据国家要求重视建设项目事中、事后管理的环境保护要求，创新完善长江航道生态环境保护与管理工作机制，加强航道维护过程的管理要求，制定较为全面的航道事后环境管理工作流程，明确人员管理职责，形成长江航道建设养护全过程环境保护工作机制。

（4）构建产学研深度融合的技术创新体系，加快发展智能航运科技创新。推进“北斗”导航系统、人工智能、5G 等在航道节能减排中的创新应用，推广无人机巡航技术，推进复杂条件下航道整治、智能船舶等关键技术研发。提升长江电子航道图生态环境服务功能，拓展覆盖范围。

（5）开展智能化、绿色化水上服务区建设可行性研究。研究长江航道水上服务区建设布局、功能结构、管理模式、运营方式等内容，分析水上服务区建设的环境影响特征，判断水上服务区建设的可行性与环境累积效应，为提高长江航道服务功能提供依据。

5.4.12　其他建议

（1）建议加强环境信息公开与监督考核。积极推动长江航道环境信息公开平台建设，定期公开长江航道水环境、大气环境质量达标滞后地区等信息，长江航道局下属各航段航道局及时公开本区域内航道生态环境质量、饮用水水源地保护及水质等相关任务完成情况等信息，各单位要建立宣传引导和群众投诉反馈机制，发布权威信息，及时回应群众关心的热点、难点问题；建立监督考核机制，层层传导压力，逐级落实责任，制定长江航道环境保护工作考核办法，依托专业化技术手段和人才，定期评估长江航道环境保护重点任务和工作目标的完成情况，开展定期通报，并将评估考核结果作为专项资金补贴和示范项目筛选的重要依据。

（2）建议规划建设长江航道统一的生态环境监测网络。充分发挥各部门作用，统一布局、规划建设覆盖环境质量、重点污染源、生态状况的生态环境监测网络。建立长江航道水质监测预警系统，逐步实现航道水质变化趋势分析预测和风险预警。强化区域生态环境状况定期监测与评估，特别是自然保护区、重点生态功能区、生态保护红线等重要生态保护区域，提高水生生物监测能力。

（3）优化创新长江航道环境保护与管理机制，制定内部各部门工作机制、管理职责、工作程序、社会参与责任等内容，从措施保证、管理方式、人才引进等方面形成完善的长江航道环境保护体系。

（4）加快建设长江智能航道，充分利用长江电子航道图，在兼顾通航安全和航道效率的前提下，优化布置通航水域，实时调度船舶通行线路，实现船舶通航的生态化调度，减少船舶污染物排放量与能源消耗。

（5）加强长江航道环境保护宣传引导。加强舆论引导，组织开展绿色航道发展相关主题宣传，广泛宣传绿色航道建设与发展的成效和做法，交流推广绿色发展经验，积极营造促进绿色航道发展的良好氛围。加强从业人员绿色发展知识和专业技能的培训教育，强化船员、码头职工等一线人员的环保意识，大力提升从业人员素质，确保各项任务在全行业得到有效开展。

5.5　新时期长江航道环境保护战略发展保障措施

5.5.1　组织保障

为配合新时期长江航道环境保护战略发展，建议建立相应组织机构，如图 5-1 所示。机构可由 3 个层级组成，统筹规划，协调推进。

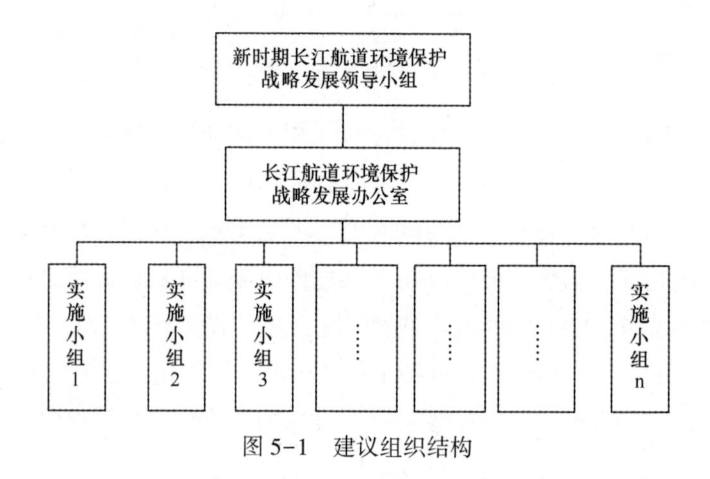

图 5-1　建议组织结构

（1）建立长江航道环境保护战略发展领导小组。由长江航道局分管局长任组长，各相关部门的主要领导为成员。领导小组的主要职责是领导长江航道环境保护战略发展建设工作，负责制定发展战略规划、重大政策制度等，解决长江航道生态环境保护与管理面临的重大问题。

（2）领导小组下设长江航道环境保护战略发展办公室。办公室设在长江航道局安全与环境保护处，各相关部门主要领导为成员，由安全与环境保护处处长任办公室主任。办公室的主要职责是具体负责长江航道环境保护战略发展的总体组织推进工作，负责重点项目的组织、协调、申报、监督等工作。

（3）办公室下设各航段实施小组。实施小组由长江航道局下属各航段管理单位的环保负责人及环保部门组建，根据长江航道环境保护战略发展办公室的部署，按照长江航道环境保护战略发展目标及主要任务，负责本单位涉及的重点任务的实施与推进工作。

5.5.2　资金保障

通过申请交通运输部和各级政府部门的节能减排专项资金、中央财政资金、工程资金、单位自筹等多种途径扩宽项目筹融资渠道，保证主要工作的资金支持，为重点任务的顺利实施提供资金保障。落实长江航道生态环境保护重点任务与工程，推动生态环境保护建设、资源节约利用等资金整合使用。长江航道各级管理部门要加大生态环境保护与修复资金投入，创新投融资机制，采取多种方式拓宽融资渠道，鼓励、引导和吸引社会资金以政府和社会资本合作（PPP）等形式参与长江航道生态环境保护与修复。

5.5.3 技术支撑

（1）组建长江航道环境保护战略实施技术专家顾问机构。邀请生态、环保研究领域的专家学者、长江航道管理人员组成长江航道环境保护战略实施技术专家顾问机构，为长江航道推进环境保护的战略方针、技术研发、项目建设等重大事项进行研究和提议。聘请在生态、环保领域具有研究基础和经验的研究单位和科研院所作为重点技术支撑机构，及时提供技术创新的有关咨询意见，支持项目方案细化，帮助解决项目建设过程中遇到的重大技术问题。

（2）实施单位技术保障。对于重点工作实施单位需安排工程技术方面的负责人来统一管理项目的实施，配备相关专业的技术人员负责项目技术；项目实施单位对相应工程的实施应委托具有相应资质的设计单位和施工单位。

（3）加强科技支撑。加强长江航道生态环境基础科学问题研究，系统推进区域污染源头控制、过程削减、末端治理等技术集成创新与风险管理创新，加快重点航段环境治理系统性技术的实施，形成一批可复制、可推广的区域环境治理技术模式。

5.5.4 人才队伍与文化建设

加快长江航道环境保护技术人才队伍的建设和培养。要坚持文化强航，围绕发展抓文化，加快建设适应现代长江航道生态文明建设的行业文化，全面提升长江航道生态环境保护软实力。

（1）制订人才培养计划，加大人才培养力度，重点培养和引进领军人才，设立人才专项资金。要加强人才开发力度和各类人才的培养、引进与使用，加快形成支撑长江航道保护的人才体系。

（2）加强科研机构、高校与企业的交流，培养相关的专业技术人才和管理人才。

（3）经常开展长江航道环境保护教育培训活动，打造高素质、稳定的工作队伍，全面提高长江航道环境管理、建设施工从业人员的生态环保意识。如通过组织生态文明建设知识讲座、专题培训、知识答卷等活动，邀请交通运输部、行业政策制定参与者、理论前沿专家学者等对相关人员进行业务培训，提高长江航道整体环境保护观念和素质。

（4）建立健全人才培养制度，加大人才引进力度，构建灵活有效的“引智”模式，积极吸引各类拔尖人才参与长江航道发展。完善分配制度和激励机制，营造人才辈出、人尽其才的良好环境，充分调动各级各类人才的积极性和创造性。

5.5.5 管理制度

（1）目标责任制。长江航道环境保护战略发展办公室按职能范围将实施方案的任务目标分解到各个部门及下属单位，确定各部门的年度目标、任务。各部门须明确本部门负责工作的具体人员安排，确保长江航道环境保护战略建设重点任务的落实。

（2）项目巡查制度。充分发挥长江航道环境保护战略发展领导小组和办公室的指导、监督作用，明确职责与分工，针对重点工程层层抓落实，形成长江航道环境保护战略重点任务巡查制度，及时发现并协调解决建设中存在的问题，确保重点任务高质量、高水准完成。

（3）绩效评估制度。长江航道环境保护战略发展办公室对各部门及下属单位年度重点项目实施进度计划的完成情况进行绩效评估，分析工作中存在的困难和问题。根据上年度绩效评估结果，针对存在的问题，在下一阶段工作部署中提出重点解决方案。

（4）考核制度。建立长江航道污染物排放监控系统，便于判断、核实项目实施的实际效果。项目实施单位需安排专职人员负责系统填报和上报。长江航道环境保护战略发展办公室对项目的实际效果与预期效果进行对比，评估项目实施是否达到预期水平，从而实现对项目的考核。

5.5.6 实施监管

（1）严格监管，确保落实。坚持领导小组例会制度。要定期召开专题工作会，加强长江航道环境保护战略实施的宏观管理、综合协调和监督检查。办公室要定期检查，动态跟踪，进行督导，分别于每年年底开展考核评价，确保规划实施。

（2）重点区域跟踪监督。对长江航道内存在自然保护区、饮用水水源地等环境敏感目标的区域作为重点区域进行跟踪监督。监督所在航道管理部门建立严格的生态环境保护管理制度和有效的激励机制，将环境保护的目标和责任落实到部门、班组和个人，纳入各级工作岗位职责和日常管理、考核。鼓励开展环境保护工作评优活动。

（3）加强监督检查力度。严格执行国家、行业和地方的生态环境保护法规标准，加大监督检查力度。定期开展专项检查行动，对违反环境保护法律法规的单位公开曝光，依法查处，重点案件挂牌督办。

5.5.7 宣传教育

（1）加强宣传引导，提升绿色低碳理念。加强长江航道环境保护的宣传、推广工作，提升长江航道管理部门所有人员的环境保护理念。如举办长江航道环境保护战略实施的宣讲会，使航道环境保护战略的理念、内涵、具体要求和实施内容深入人心，确保确定的重点工作顺利开展，取得实效。如采用示范项目、专项行动、交流总结、座谈推广等形式及时对环保技术、产品、成果进行总结和提炼。充分利用网络、出版物、广播电视等载体对有推广价值的项目、经验加大宣传。通过以上各种总结、宣传、交流、推广方式，实现长江航道环境保护理念的进一步提升。

（2）强化教育培训，提高从业人员长江航道环境保护素质。强化教育培训，提高从业人员节能素质。常态化组织各类环境保护知识讲座、专题培训、基础知识答卷填写等活动，邀请来自交通运输部、交通行业研究机构、理论研究前沿和环境管理部门的专家，对环境保护工作人员加强业务培训，提高从业人员环境保护技能和素质。

（3）加强对外交流和合作。通过合作研发、培训、考察等多种方式，与国内外航道、流域管理部门加强多层次、多领域的交流与合作，积极借鉴国内外航道环境保护先进经验，全面提升长江航道环境保护的技术和管理水平，推动整体长江经济带的可持续发展。

第6章　新时期长江航道环境管理机制的构建

6.1　长江航道环境管理的理论基础

环境管理涉及社会、经济和自然等方面，所以环境管理的理论基础也必然涉及人类科学知识体系的各个层面。与航道环境管理工作具有密切关系的几种理论简述如下。

6.1.1　管理科学与西方现代管理理论

环境管理旨在管理，因此管理科学是环境管理必不可少的基础学科。而管理科学又有一系列学科基础，主要包括管理经济学、系统科学、行为科学、数学和统计学、计算机科学与信息管理学等。因此，现代管理的特点有两个方面：一方面大量运用电子计算机、管理信息系统、计算机模拟、系统分析等科学技术及逻辑程序辅助决策；另一方面则注重创造型思维的大胆运用、管理艺术的充分发挥以及人力资源的有效利用。为此，在进行环境管理理论研究时，应充分吸收西方管理学中的营养成分，并经过合理转化，应用到我国环境管理的理论构造和实践活动中去。

现代管理阶段自20世纪50年代开始。国内外多数学者同意将西方现代管理理论中的诸家观点划分为六大学派：社会系统学派、决策理论学派、系统管理学派、经验主义学派、管理科学学派和权变理论学派。其中，管理科学学派是对古典管理理论的发展。经验主义学派和权变理论学派都体现了管理的动态特征，认为不存在固定不变的管理理论和方法，强调管理模式应根据具体情况来选择，但经验主义学派注重实际案例的研究，权变理论学派则试图建立起理论上的权变管理模型。社会系统学派、决策理论学派和系统管理学派之间的联系体现在它们都建立在系统科学的基础上。社会系统学派强调组织不仅是一个系统，而且是复杂的社会系统，应该用社会学的观点去分析管理问题；决策理论学派强调了决策在系统运行中的重要作用；系统管理学派则突出运用系统观去分析管理问题，追求系统的整体优化，重点在于建立适合于现代系统的组织结构。

6.1.2　生态经济学理论

生态经济学是从经济学角度来研究生态系统、技术系统和经济系统所构成的复合系统，即研究生态经济系统的结构、功能、行为及其运动规律的经济科学，是跨越生态学和经济学的新兴边缘学科。生态经济学将经济学与生态学相结合，研究生态规律与经济规律的相互作用，研究人类经济活动与环境系统的关系。

生态经济学主要研究内容有以下几个方面：

（1）研究人类经济活动与环境系统的相互影响、相互促进的关系。人类进行社会经济活动，必须与自然界进行物质交换，也就是对环境系统产生影响。自然界为人类提供所需的各种资源，而劳动把资源变成人们所需要的生产资料和生活资料。人类在从自然界获取资源的过程中，同时又把各种废弃物排入环境，即人类的社会活动、经济活动与环境系统是相互影响、相互促进和相互制约的。生态经济学就是研究如何合理调节人类在与自然环境进行物质交换的过程中同环境系统的关系。

（2）研究如何建立合理的生态经济系统结构。生态经济系统是社会经济系统与生态系统的复合体；生态经济系统的持续稳定发展，依赖于生态经济系统合理的结构和相应的功能。生态经济系统的结构是生态经济系统进行物质、能量和信息交换流通的渠道，是建立系统间联系的桥梁。系统功能的优劣，很大程度上取决于生态经济系统的结构是否合理。

（3）研究生态系统与经济系统的内在联系与规律。生态系统与经济系统之间存在着内在的联系，并有着不以人的意志为转移的客观运动规律。如果不了解这种运动过程的变化趋势，不认识这种生态经济规律，就可能顾此失彼，或者受到大自然的惩罚，或者受到经济规律的制裁。

（4）研究经济再生产和自然资源再生产过程的相互协调问题。生态经济学的主要研究对象是经济系统和自然生态系统的结合，目的是通过定量或半定量的分析研究，使经济再生产和自然资源再生产实现最优组合，协调发展。这就是说，对自然资源的开发、加工、利用，直到产品的分配、流通、消费以及废物的排放，整个过程都能和自然生态系统相统一，实现以最少的劳动、最小的消耗取得最大的经济和生态效益。

（5）把人口、资源、能源、生态环境、经济建设和环境建设等问题作为一个整体来研究，找出它们之间的内在联系，使之相互协调发展。

从上述几点可以看出，生态经济学探讨的是发展与资源、人类与环境的相互关系，以求得经济稳定持久的发展。环境管理必须遵循生态经济学揭示的客观规律，才能取得经济、社会和环境效益的统一。

6.1.3 决策理论

著名的管理学家西蒙曾经说过，管理就是决策（decision making），可见决策对管理的重要性。决策是人们在对某些行动方案的直觉、具有正面或负面的后果以及成功的可能性等考虑的基础上，按某种标准或准则（criteria）作出抉择的过程。

近几年来，有关解释和研究决策问题的具体理论分支发展很快，种类也很多。例如，通过对不确定情境中一些"冲突"或"竞争"情境进行决策分析，以寻求最佳对策策略的对策理论（game theory），可以看作是根据不同证据（不同来源的信息就可以认为是不同的证据）做决策的证据理论（theory of evidence）。此外，还有合理行动理论（theory of reasoned action）、社会交换理论（social exchange theory）和公平理论（equity theory）等。

在现代科学技术不断进步、社会经济迅速发展、资源和生态环境日益恶化的情况下，人类面临着越来越复杂的系统的组织、管理、协调、规划、预测和控制等重大决策问题。这些问题的特点表现为：层次结构越来越复杂、空间活动规模越来越大、时间尺度的变化越来越快、后果和影响越来越广泛和深远。正是这些特点，使决策问题变得越来越复杂，越来越困难，从而给决策研究提出了新的要求：

（1）决策研究需要近乎整个现代科学技术体系的支持；

（2）对现有的决策问题进行定性研究或定量研究已不能满足决策的需要，应该借助各种仿真及优化技术进行定量研究，提倡发展决策软科学，加强创造型思维规律的研究，掌握创造力引发技术。定性研究与定量研究相结合是现代决策研究的主要特点；

（3）需要综合型的整体研究，通常不是单目标决策，而是多目标决策。要在多目标的情况下，研究如何寻求最优、次优和满意的决策；

（4）从本质上讲，现代决策都是不确定型的决策，确定型决策和风险型决策问题是对实际决策问题的一种简化。

6.2 长江航道环境保护管理机制的构建

6.2.1 管理范围

（1）为建立科学的环境保护工作程序，提高长江航道的环境管理效率与水平，提升防污染环境风险管控能力，有效推动国家《长江经济带生态环境保护规划》的实施，促进长江生态航道的持续发展，创造良好的工作和生活环境，根据最新版的

《中华人民共和国环境保护法》和其他有关法规，结合长江航道环境保护工作现状，制定本项管理机制。

（2）管理机制中明确长江航道环境保护工作的原则和机制，并对航道环境保护工作基本要求和管理规则进行规定。

（3）本项管理机制适用于长江航道局及局机关直属单位、局属单位的环境保护工作。

6.2.2　机构职责

（1）长江航道局建立环境保护工作领导小组。局党政主要领导为环境保护工作第一责任人，对环境保护工作全面负责。分管环境保护工作的领导，负责统筹组织和综合监管环境保护工作。其他领导按照工作分工，对分管范围内的环境保护工作负领导责任。局机关各部门主要负责人为小组成员，按照职能履行环境保护工作相关职责。领导小组办公室设在局安全与环境保护处，负责全局环境保护日常工作。

局领导小组主要职责：

①贯彻执行国家及地方有关环境保护法律、规定；

②负责拟定、解释长江重庆航道局的环境保护规定，并监督实施；

③审议长江航道局环境保护规划和工作要点；

④推动实施长江航道维护重大环境保护措施；

⑤对本单位环境保护工作实施监督管理；

⑥推广与本行业有关的环境保护先进技术；

⑦落实长江航道环境保护对外宣传与合作交流工作；

⑧落实长江航道总体突发环境事件应急工作；

⑨监督检查基层单位环保设施设备的运行使用情况；

⑩监督检查各单位环保经费的预算、审核和使用情况；

⑪决定本局环境保护工作的重大奖惩事宜。

（2）局属各单位应成立环境保护工作领导小组，履行环境保护工作主体责任，监督管理下属单位、班组等的环境保护工作，服从国家及属地环保部门的监督、管理和指导。

局属单位领导小组主要职责：

①贯彻执行国家、地方环保部门和上级环境保护相关的政策、法规和要求；

②监督实施上级环保部门对本单位部署的环境保护规划计划，并负责与此相关的环保统计工作；

③对本单位内部环境污染事故进行处置和调查处理，重大污染事故要及时跟踪上报；

④对日常环保工作中存在的困难与问题及时与长江航道局进行联系，协调解决或组织整改实施方案；

⑤及时与当地环保部门进行沟通，掌握当地环保部门对航道运行维护工作中的环保要求；

⑥对本单位环境保护及治理工作实施监督管理；

⑦推广与本行业有关的环境保护先进技术；

⑧确保本单位环保设施设备的正常运行；

⑨合理策划、申报、使用环保经费，确保资金正常使用；

⑩与当地有资质的环境保护公司签订污染物回收合同，保证污染物的处置和排放满足国家或地方环境保护部门规定的标准和技术状态；

⑪做好环境保护宣传工作，表彰先进单位和个人。

(3) 依照《中华人民共和国环境保护法》《中华人民共和国水污染防治法》《船舶水污染物控制标准》等法律、法规要求，长江航道局应积极配合国家及地方环境保护部门对本单位污染事故的调查处理等工作。

(4) 依照《中华人民共和国环境保护法》《建设项目环境影响评价分类管理名录》等法律、法规要求，落实长江航道运行维护、码头航标维护基地运营生产等各项工作的环境保护手续管理。

(5) 长江航道局及下属各单位应建立环境保护统计、报告制度，定期对环保运行设施进行维护，对污染物排放规定落实等情况进行检查。各班组应建立污染物处置记录台账。

(6) 长江航道局及下属各单位应把环境保护工作纳入本单位工作重点，按照“统一管理，分工负责”的原则，把环境保护工作纳入责任目标，逐级负责，层层把关，落到实处。

6.2.3 船舶防污染规定

(1) 长江航道局及下属各单位应组织职工进行操作技能、设备使用、作业程序、安全防护和应急反应等专业培训，确保职工具备相关防治污染和安全的专业知识与技能。定期组织单位有关人员进行国家环境保护政策法规培训学习，掌握国家对于航道、船舶生态环境保护的最新要求。

(2) 长江航道局及下属各单位新建船舶防治污染的结构、设备、器材应当符合国家规范和有关部门的规定、标准，经海事部门或者其认可的船舶检验机构检验，并保持良好的技术状态。

(3) 各单位应对船舶环保设施、设备等加强管理，建立定期检查、维修和维修后验收制度，保证设施设备完好，运转率达到考核指标要求。

（4）各单位应按照内河船舶防污染管理相关规定，船舶配备有盖、不渗漏、不外溢的垃圾储存容器或者实行袋装，按照《船舶垃圾管理计划》对产生的垃圾进行分类、收集、存放和移交。确保船舶垃圾具有第三方接收单位，避免船舶固体废物污染。

（5）各单位应对机动船舶废气排放采取治理措施，推动国Ⅴ标准柴油使用，船舶排放尾气应达到国家废气排放标准。

（6）各单位船舶在航行、停泊和作业时，不得违反法律、行政法规、规范、标准和有关部门规定向内河水域排放污染物。不符合排放规定的船舶污染物应当交由港口、码头、装卸站或者有资质的单位接收处理。

（7）长江航道局及下属单位积极推动机动船油污水处理设备运行，航道维护船舶配置生活污水处理装置或污水储存箱，保证船舶具备油污水及生活污水处置或接收能力。

（8）各单位船舶禁止向内河排放有毒液体物质的残余物或者含有此类物质的压载水、洗舱水或其他混合物。

（9）各单位船舶禁止在内河水域使用化学消油剂。

（10）各单位船舶在内河航行时，应当按照规定使用声响装置，并符合环境噪声污染防治的有关要求。

（11）各单位船舶在特殊保护水域内航行、停泊、作业时，应当遵守特殊保护水域有关防污染的规定、标准。

（12）各单位船舶应按有关国际公约、《中华人民共和国防止船舶污染海域管理条例》及有关规范的规定配备“垃圾记录簿”（“垃圾记录簿”是船舶用于管理、记录、处置垃圾等相关信息的记录本，船舶垃圾记录簿应在船上保留3年），并做好排污处置记录。

（13）长江航道局定期邀请环保行业专家，组织对各类船舶的污染防治工作开展监督指导，形成后续改善指导意见，并贯彻落实。

6.2.4　岸上防污染规定

（1）凡对环境有影响的在建工程项目、船舶制造等都必须执行相关环保规定，环境报告书（表）未经批准的项目，不能开工建设；环境保护配套设施验收不合格的，生产部门不得投产。各单位定期对项目的环境影响“三同时”工作向长江航道局环境主管部门进行总结汇报，并形成书面记录。

（2）各单位或者航道运行维护工程新建（或改建）的岸上防污设备、器材，须符合有关规范的规定。

（3）长江航道局下属从事船舶、航标器材等建造、维修和拆解的单位或部门，应当按相关规定对船舶、航标等建造、维修和拆解过程中产生的污染物进行合理处置，配置污染防治设施。

（4）对在建工地、船舶新建（或改建）时，噪声振动超过国家标准的机械设备，应采取降噪或防震措施，并使之达到国家标准。

（5）各单位在排放各种废水时，应按国家或地方环保部门的标准进行排放、回收或处理，减少污水排放量，严禁违规排放或偷排。

（6）长江航道局及下属单位现有的综合业务码头及航标维护基地，应落实各项环保手续，并逐步配置相应的工业污水、粉尘净化处理设备和油漆等挥发性气体收集处理设备，保证基地具备运行的环保条件。

（7）长江航道局及下属单位逐步增加环保专业人员，以满足环境保护工作专业化要求。

（8）各单位应严把食堂进货关，供货单位要提供营业执照及食品卫生资料，与供货单位签订的协议中应明确食品安全和卫生要求。严格食堂管理，避免环境污染、中毒等事件发生。

（9）严禁把易燃、易爆和容易产生有毒气体的物质倒入下水管网。

（10）严禁在机关办公区域内随意焚烧垃圾、塑料等其他产生有毒有害烟尘和恶臭气体的物质。

（11）严禁在办公区域燃放烟花爆竹。

6.2.5 防污染应急处置

（1）为了提高长江航道局应对突发环境事件的预警和应急处置能力，保证突发环境事件发生后，参与救援的人员能够迅速、准确、高效地展开抢险救援工作，最大限度地降低事故造成的人员伤亡、环境影响、财产损失和社会影响，长江航道局需组建污染事故应急指挥机构。

（2）污染事故应急指挥机构负责组建应急救援专业队伍，组织实施和演练，检查督促做好事故的预防措施和应急救援的各项准备工作；发生重大事故，由污染事故应急指挥机构负责航道紧急应急、救灾、协调、疏散、救护等事宜，使管理部门可以迅速处理各种意外状况；事故结束后负责解除应急救援命令、信号，组织事故调查，总结应急救援经验教训。

（3）发生环境污染事故后，应立即采取措施处置，消除和减小事故危害和不良影响。发生较大环境污染事故，应在第一时间向上级报告，并向区域海事、环境保护等管理机构如实报告。同时启动污染事故应急计划（程序），在污染事故应急指挥机构统一领导和指挥下，按照职责分工，采取相应措施控制和消除污染。根据污染事故情况形成初始报告，配合开展环境监测等各项工作，并根据污染事故进展情况做出补充报告。

（4）发生环境污染事故的船舶，应在第一时间向上级报告，在事故发生后24 h内向事故发生地的海事管理机构提交《船舶污染事故报告书》。因特殊情况不能在规定时间内提交《船舶污染事故报告书》的，经海事管理机构同意可以适当延迟，但最长不得超过48 h。《船舶污染事故报告书》应当至少包括以下内容：

①船舶的名称、国籍、呼号或者编号；

②船舶责任人的单位、名字、地址、联系方式等；

③发生事故的时间、地点以及相关气象和水文情况；

④事故原因或者事故原因的初步判断；

⑤船上污染物的种类、数量、装载位置等概况；

⑥事故污染情况；

⑦应急处置情况；

⑧船舶污染损害赔偿责任保险情况。

（5）船舶有沉没危险或者有船员弃船的情况发生，应尽可能关闭液货舱或者油舱（柜）管系的阀门，堵塞相关通气孔，防止溢漏，并及时向海事有关管理机构报告船舶燃油、污染危害性货物以及其他污染物的性质、数量、种类、装载位置等情况。

（6）船舶发生事故，造成或者可能造成内河水域污染的，船舶所在单位应及时组织消除污染影响。不能及时消除污染影响的，要积极配合海事管理机构采取清除、打捞、拖航、引航、过驳等必要措施。

（7）在码头附近航道发生船舶油泄漏事故，第一发现人（一般是运输人员、巡视人员或码头工作人员）应根据制定的应急预案，采取相应的先期处置措施，减少环境污染：

①首先要保障人身的安全；

②在保障安全的前提下判断泄漏点，并切断或控制泄漏源，禁止明火；泄漏物若能收集，应及时安全收集。

③严格保护事故现场，在保护现场的同时，应及时向通信联络人员报告。报告内容如下：肇事地点、时间、事故造成的环境损失情况及报告人的姓名、联系方式。应急救援人员到达现场后，要服从组织指挥，主动如实地反映情况，积极配合现场勘查和事故分析等工作。

（8）岸上发生环境污染事故后，应立即采取措施，消除和减小事故危害和不良影响。发生较大污染事故，应及时向上级报告，报告内容包括：发生污染事故的单位、时间、地点、污染性质、造成的损失情况及采取的措施等。必要时，配合相关部门撤离其危害范围内的人员。

6.2.6 监督管理与责任追究

(1) 长江航道局各级环境保护部门负责组织对本单位环境保护工作的监督检查。其他单位、部门做好职责范围内的环境保护工作，并积极参与环境管理和监督检查工作。

(2) 长江航道局各级环境专项检查应以船舶、码头、维护基地等为重点，防止机器、设备发生跑、冒、漏、滴等污染环境。对可能发生环境污染的受油、燃料、油漆和燃气等作业现场进行有效管控，防止污染事故发生。

(3) 环境保护检查主要采取日常检查、年度考核、专项督查等方式，监督管理长江航道局下属各单位环境保护工作。

(4) 日常检查一般现场反馈意见，并通报被检单位。考核督查一般书面反馈意见，必要时通报全局。检查督查发现的问题，由各单位负责整改工作（组织、督办、核查及结果反馈)。发现重大问题应下达整改通知书，由组织检查督查的单位(部门) 进行整改工作核查。

(5) 年度考核按照过程与结果并重的原则，对长江航道局下属各单位年度环境保护工作进行综合评价。考核结果与单位目标责任制、评优评先及绩效工资挂钩。

有下列情形之一的，将取消相关单位和人员评优评先资格并追究其责任：

①已建成的污染治理和综合利用装置，长期不能正常运转或废弃不用的；

②迟报、漏报、谎报、瞒报环境污染事件的；

③污染严重，而不积极采取有力措施治理污染，导致事件扩大的；

④因履职不到位，引发较大环境污染或集体中毒事件的；

⑤未经批准擅自投产、污染环境的；

⑥挪用环境保护专用资金影响污染治理的。

(6) 对违反本规定造成环境污染事故的单位和个人，由长江航道局相关部门依据有关规定，根据情节轻重给予处罚。发生重大环境污染事件触犯法律或造成严重环境污染事件的，按照国家相关法律法规执行。

第7章　结论

7.1　主要结论

（1）目前，长江航道局主要涉及的环境保护工作职责包括贯彻党和国家关于环境保护工作的方针政策、法律法规和行业标准，建立健全长江航道环境保护工作责任制、工作机制与管理制度；组织开展长江航道建设、运行、服务和管理等的环保工作，依法加强长江航道建设、运行、服务和管理的防污染管理，落实环境保护措施和投入，控制并减少各类航道生产活动对环境的污染和危害，依法处置污染物；组织开展长江航道建设、运行、服务和管理等的环保应急工作，制定生态环境突发事件应急处置工作预案，做好长江航道生态环境突发事件的应对管理工作。综合来看，长江航道局涉及的环保工作覆盖面较广。

（2）通过现场调研与资料分析发现，目前长江航道局在环境保护工作中存在的问题主要体现在环境管理人员配置与管理体系、航标养护维护、航道养护疏浚、维护船舶运行、码头基地运行、环保整治资金等方面，亟须通过制定环境保护工作总体战略系统解决存在的问题。

（3）根据长江航道环境保护存在的问题与国家需求，制定了长江航道环境保护工作总体战略，从法制建设、生态环保规划、生态航道建设、生产装备绿色化、航道运行养护、航道信息化建设、生态环境风险防范与应急能力、技术进步与成果应用等方面提出了未来长江航道环境保护的重点任务及相应对策建议，为提高长江航道环境保护工作水平指明了具体方向。

（4）结合长江航道局及下属单位的环境管理机制现状，提出了长江航道环境保护与管理总体机制，制定了长江航道局主要负责人及相关部门的环保工作职责，为提高长江航道环境保护工作效率奠定了基础。

7.2 前景展望

随着国家对长江经济带及长江航道生态环境保护重视力度的不断增加，长江航道的环境保护工作力度将随之提升。通过本研究制定的战略目标及重点任务能够有效配合国家“长江大保护”战略的实施，在后期的具体工作中将会体现出较高的实际指导意义和应用推广前景。

参考文献

[1] VAN BERKEL R, FUJITA T, HASHIMOTO S, et al. Industrial and urban symbiosis in Japan: analysis of the Eco-Town program 1997-2006 [J]. Journal of Environmental Management, 2009, 90 (3): 1544-1556.

[2] HONKASALO A. The EMAS scheme: a management tool and instrument of environmental policy [J]. Journal of Cleaner Production, 1998, 6 (2): 119-128.

[3] SHI H, CHERTOW M, SONG Y Y. Developing country experience with eco-industrial parks: a case study of the Tianjin Economic-Technological Development Area in China [J]. Journal of Cleaner Production, 2010, 18 (3): 191-199.

[4] ZORPAS A. Environmental management systems as sustainable tools in the way of life for the SIV-IES and VSMEs [J]. Bioresource Technology, 2010, 101: 1544-1557.

[5] PARK P J, TAHARA K, INABA A. Product quality-based eco-efficiency applied to digital cameras [J]. Journal of Environmental Management, 2007, 83 (2): 158-170.

[6] COTE R, BOOTH A, LOUIS B. Eco-efficiency and SMEs in Nova Scotia, Canada [J]. Journal of Cleaner Production, 2006, 14 (6-7): 542-550.

[7] PERIS-MORE E, DIEZOREJASB J M, SUBIRATSB A, et al. Development of a system of indicators for sustainable port management [J]. Marine Pollution Bulletin, 2005, 50 (12): 387-396.

[8] PALPAL E, BRIGDEN A, WOOLDRIGE C. Guidelines for port environmental management [M] // BREBBIA C A, OLIVELLA J. Maritime engineering and ports Ⅱ. UK: WIT Press, 1999: 1226-1240.

[9] WOOLDRIDGE F C, MCMULLEN C, HOWE V. Environmental management of ports and harbor complementation of policy through scientific monitoring [J]. Marine Policy, 1999, 23 (4-5): 413-425.

[10] GRIGALUNAS T. LUO M F, CHANG Y T. Comprehensive framework for sustainable container port development for the United States east coast: year one final report [R]. Kingston: University of Rhode Island, 2001.

[11] BLANC L A L, RUCKS C T. A multiple discriminant analysis of vessel accidents [J]. Accident Analysis & Prevention, 1996, 28 (4): 501-510.

[12] DRAGER H K, KARLSEN J E, KRISTIANSE N S. Cause relationships of collisions and groundings: research project conclusions [R]. Symposium on Vessel Traffic Services.

Germany：Bremen，1981，4.

[13] JIN D，THUNBERG E. An analysis of fishing vessel accidents in fishing areas off the northeastern United States [J]. Safety Science，2005，4（8）：523-540.

[14] SLOB W. Determination of risks on inland waterways [J]. Journal of Hazardous Materials，1998，61（1-3）：363-370.

[15] KUJALA P，HANNINEN M，AROLA T，et a1. Analysis of the marine traffic safety in the Gulf of Finland [J]. Reliability Engineering & System Safety，2009，94（8）：1349-1357.

[16] LOIS P，WANG J，WALL A，et a1. Formal safety assessment of cruise ships [J]. Tourism Management，2004，25（1）：93-109.

[17] 肖江文，赵勇，罗云峰，等. 我国环境管理研究概况 [J]. 科技进步与对策，2002（11）：10-13.

[18] 齐力，梅林海. 环境管理正式制度与非正式制度研究 [J]. 生态环境，2008（12）：129-131.

[19] 张上勇. 环境管理的现状分析与对策 [J]. 环境科学与技术，2002，25（增刊）：63-77.

[20] 林海峰，李宏. 论“谁污染谁治理”原则的局限性和政府在防污工作中的作用 [J]. 珠江水运，2004（10）：35-36.

[21] 安爱红. 污染集中控制对策是城市化进程中的必然选择 [J]. 河南教育学院学报（自然科学版），2002（11）：56-57.

[22] 刘玉凤. 长江经济带经济发展与环境质量协调性研究 [D]. 南昌：江西财经大学，2017.

[23] 神芳丽，陈东辉，戴流芳. 浅析环境管理体系的持续改进 [J]. 世界标准化与质量管理，2004（9）：29-31.

[24] 赵彬，港口企业建立并实施 ISO 14001《环境管理体系标准》的探讨 [J]. 港口科技，2016（7）：38-39.

[25] 朱坤萍，张佳红. 美国港口集装箱发展特点分析 [J]. 国际经济观察，2012（6）：79-81.

[26] 潘科. 集装箱港 IZ 环保管理体系研究 [D]. 大连：大连海事大学，2010.

[27] 马祖毅. 宁波港可持续发展与环境保护 [J]. 交通环保，2000，21（6）：39-41.

[28] 黄勇. 连云港环境保护与可持续发展 [J]. 交通环保，2002，23（2）：39-40.

[29] 林洁，梁志勤. 浅析广州港的环境保护如何适应港口经济发展 [J]. 交通环保，2003，23（4）：15-18.

[30] 施雪良，朱兴娜. 京杭大运河嘉兴运河新区段生态治理建议 [J]. 南方农业，201l（10）：49-51.

[31] 王金潮，刘劲. 国外缓冲带护岸技术研究进展 [J]. 水土保持通报，2010（6）：145-147.

[32] XU H C. Landscape ecology [M]. Beijing：Chinese Forestry Press，1966.

[33] 董玉兰，石祥增. 传统护岸向生态护岸的过渡 [J]. 珠江水运，2015（20）：43-48.

[34] 鄢俊. 植草护坡技术的研究和应用 [J]. 水运工程，2000（5）：29-31.

[35] 徐大建. 航道整治工程中生态护岸技术应用探讨 [J]. 中国水运，2000（9）：157-158.

[36] 曹民雄，申霞，黄召彪，等. 长江南京以下深水航道生态建设与保护技术及措施 [J]. 水

运工程，2018（7）：1-9.

[37] 杨芳丽，耿嘉良，付中敏，等. 长江中游航道整治中生态技术应用探讨［J］. 人民长江，2012，43（24）：68-71.

[38] 冯敏. 航运对长江水质的影响分析［D］. 上海：上海海事大学，2005.

[39] 杨莉，戴明忠，康国定，等. 商品的环境经济属性与区际环境影响研究［J］. 前沿论坛，2009（1）：38-42.

[40] 万薇. 中国区域环境管理机制探讨［J］. 北京大学学报（自然科学版），2010，46（3）：449-456.

[41] 朱玲，万玉秋，缪旭波，等. 论美国的跨区域大气环境监管对我国的借鉴［J］. 环境保护科学，2010，36（2）：76-78.

[42] 周海炜，张阳. 长江三角洲区域跨界水污染治理的多层协商策略［J］. 水利水电科技进展，2006，26（5）：64-68.

[43] 王雯霏. 论长三角一体化进程中区域政府合作机制的构建［J］. 安徽科技学院学报，2006，20（5）：81-85.

[44] 施祖麟，毕亮亮. 我国跨行政区河流域水污染治理管理机制的研究——以江浙边界水污染治理为例［J］. 中国人口资源与环境，2007，17（3）：3-9.

[45] 美国环保协会，清华大学公共管理学院. 风物长宜放眼量——长三角区域环境合作展望［J］. 世界环境，2004（5）：18-22.

[46] 杨妍，孙涛. 跨区域环境治理与地方政府合作机制研究［J］. 中国行政管理，2009（1）：66-69.

[47] 汪小勇，万玉秋，姜文，等. 美国跨界大气环境监管经验对中国的借鉴［J］. 中国人口资源与环境，2012，22（3）：118-123.

[48] 赵建林. 论环境保护内部行政合同与环境管理体制的完善［M］//国家环境保护总局环境监察局. 环境执法研究与探讨. 北京：中国环境科学出版社，2005.

[49] 曾勇，杨志峰. 官厅水库跨区域水质改善政策的冲突分析［J］. 水科学进展，2004，15（1）：40-44.

[50] 刘洋，万玉秋. 跨区域环境治理中地方政府间的博弈分析［J］. 环境保护科学，2010，36（1）：34-36.

[51] 李胜，陈晓春. 跨行政区流域水污染治理的政策博弈及启示［J］. 湖南大学学报（社会科学版），2010，24（1）：45-49.

[52] 易志斌. 基于共容利益理论的流域水污染府际合作治理探讨［J］. 环境污染与防治，2010，32（9）：88-91.

[53] 唐国建. 共谋效应：跨界流域水污染治理机制的实地研究——以“SJ边界环保联席会议”为例［J］. 河海大学学报（哲学社会科学版），2010，12（2）：45-50.

[54] 赵洪举，彭怡，李健，等. 突发事件快速评估模型［J］. 系统工程理论与实践，2015，35（3）：545-555.

[55] 江田汉，邓云峰，李湖生，等. 基于风险的突发事件应急准备能力评估方法［J］. 中国安

全生产科学技术，2011，7（7）：35-41.

[56] 沈基来，桑凌志. 层次分析法在水上突发事件预警中的应用［J］. 中国水运月刊，2010，10（10）：36-37.

[57] 贾世耀. 航标服务水平与风险评估［C］//中国航海学会航标专业委员会沿海航标学组、无线电导航学组、内河航标学组年会暨学术交流会论文集. 北京：中国航海学会，2009.

[58] 王英志，徐传伟，王如政. 航标技术风险定量评估的研究［C］//中国航海学会航标专业委员会沿海、内河航标学组联合年会学术交流论文集. 北京：中国航海学会，2003.

[59] 王朝东，陈义涛. 浅析沿海航标的风险管理与服务质量保证［J］. 珠江水运，2014（15）：190-191.

[60] 徐传伟. 航标技术风险定量评估方法的研究［D］. 大连：大连海事大学，2003.

[61] 贡鹭，叶先游，柴田. 航标管理与维护能力评估体系的研究［J］. 中国海事，2011（9）：52-56.

[62] 曹玮. 长江下游航道突发事件处置方法研究［D］. 南京：东南大学，2017.

[63] 高波. 长江干线重庆段通航环境安全情况评价与改善对策［D］. 重庆：重庆交通大学，2018.